Strategies for Modern Groundwater Management

地下水现代管理概论

李原园　于丽丽　史文龙 等　编著

中国水利水电出版社
www.waterpub.com.cn
·北京·

内 容 提 要

　　本书通过列举全球地下水管理的经验和案例，对地下水管理的现代方法进行梳理，揭示了与地下水管理相关的复杂问题和独特挑战，强调了地下水管理与水资源管理、土地利用、经济发展和环境保护之间的协调性，系统阐述了地下水管理策略的框架、方式和方法，为地下水系统规划和管理提供支撑。

　　本书内容包括地下水的特点和功能、地下水管理的挑战和现代方法、地下水系统规划和管理框架、地下水规划程序关键要素、地下水治理和战略管理要求、地下水资源调查和评价方法、地下水水量和水质管理措施、地下水监测目标与方法等。

　　本书可供从事地下水资源管理与研究相关工作的科研、技术和管理人员参考使用，也可供水文水资源、水利、生态、环境等相关专业的高等院校师生参考阅读。

图书在版编目（CIP）数据

地下水现代管理概论 / 李原园等编著. -- 北京：
中国水利水电出版社，2024. 12. -- ISBN 978-7-5226
-2976-6
Ⅰ. P641.8
中国国家版本馆CIP数据核字第2025FA9317号

书　　　名	**地下水现代管理概论** DIXIASHUI XIANDAI GUANLI GAILUN
作　　　者	李原园　于丽丽　史文龙　等 编著
出 版 发 行	中国水利水电出版社 （北京市海淀区玉渊潭南路 1 号 D 座　100038） 网址：www.waterpub.com.cn E - mail：sales@mwr.gov.cn 电话：(010) 68545888（营销中心）
经　　　售	北京科水图书销售有限公司 电话：(010) 68545874、63202643 全国各地新华书店和相关出版物销售网点
排　　　版	中国水利水电出版社微机排版中心
印　　　刷	北京印匠彩色印刷有限公司
规　　　格	170mm×240mm　16 开本　13.75 印张　239 千字
版　　　次	2024 年 12 月第 1 版　2024 年 12 月第 1 次印刷
定　　　价	**98.00 元**

前言

地下水自古以来就是重要的水资源，其分布广泛，在某些情况下相对于地表水更容易获取，同时具有循环更新缓慢、稳定性强、多年调节的特点，尤其是在特殊干旱年份或遭遇突发事件时，对保障应急安全、维护社会稳定和降低灾害损失具有不可替代的作用。

地下水不仅是水文循环的组成部分，还具有重要的生态和地质功能。然而，人口增长、城市化、经济发展和气候变化等众多因素引起地下水系统发生显著变化，这些因素既增加了地下水系统的重要性，同时也给这一资源带来了更大的压力。在世界许多地区，地下水的开采分布范围不断扩大，开采量不断增加，导致地下水储量日渐枯竭。由于枯竭引发的地下水水位下降可能或已经导致了粮食生产成本的上升、依赖地下水生态系统的破坏，以及地面沉降、海水入侵等一系列问题。

随着地下水资源的不断减少，在一些高度依赖地下水供应的地区，未来水源供应有灾难性中断的风险。同时，土地利用的集约化正在扰乱自然水量平衡，增加了地下水退化的风险，再加上对可靠的、适应气候变化的水源供应需求的不断增长，导致世界各地对地下水资源管理愈加关注。水文循环的复杂性，以及地下水作为一种隐蔽、移动缓慢和易于获取的资源的特点，对地下水保护和利用构成了独特的挑战。有效管理地下水需要了解影响地下水储存和流动的因素，以及依赖地下水的生态系统等各个方面。

本书是世界自然基金会与水利部水利水电规划设计总院合作的成果，初衷是通过回顾世界各地地下水管理的现代方法，确定适合中国国情的地下水规划与管理的框架、途径和方法，为中国地下水保护与利用提供经验借鉴。本书的内容是普适性的，并且所介绍的地下水管理方法综合考虑了经济发展的新形势，认识到了所面临的各类挑战。地下水作为一种适应气候变化的资源，在灌溉、工业、城市和生态系统中发挥着越来越重要的作用。本书建立在丰富的实践经验和科学研究的基础上，在地下水系统如何发挥作用，如何以在人的需求和生态系统之间取得适当平衡的方式利用和保护地下水等方面，制定实用的方法，为从业技术人员和行政管理人员提供管理地下水的指南。

本书不仅强调了地下水管理应与更广泛的水资源管理进程相协调的必要性，而且还应统筹土地利用、经济发展和环境保护等相关的规划和监管举措。本书主要由两部分组成。第一部分首先阐述了地下水的背景，包括地下水系统的自然特征和功能（第1章）、地下水在人类社会中的作用及影响（第2章）；接下来是对管理挑战的讨论，描述了地下水管理方法的理论基础（第3章）；然后提出了地下水系统规划和管理的框架，包括概述地下水规划和其他相关规划之间的联系（第4章）；随后描述了该框架的主要组成部分，以及相关的规划过程和决策（第5章）；最后概述了地下水管理和保护的要求，包括体制、法律和经济层面（第6章）。第二部分更详细地讨论了与地下水规划和管理有关的技术和方法，包括地下水资源调查和评价（第7章）、地下水补给管理与保护（第8章）、决定可开采的地下水量并进行水量分配（第9章）、地下水水质管理（第10章）、地下水监测的目标与方法（第11章）。

本书共11章，第1章由史文龙、于丽丽、唐世南编写；第2章由陈飞、羊艳、于丽丽编写；第3章、第4章由于丽丽、羊艳、陈飞编写；第5章、第6章由唐世南、羊艳、史文龙、马若绮编写；第7章由羊艳、唐世南、陈飞编写；第8章由史文龙、羊艳、于丽丽编写；第9章由唐世南、陈飞、史文龙编写；第10章由马若绮、陈飞、史文龙编写；第11章由羊艳、马若绮编写；全书由李原园统稿。

本书中的研究内容得到世界自然基金会（World Wide Fund for Nature，WWF）国际专家小组的大力支持。在此，特别感谢英文书稿的主要作者 Robert Speed、Randall Cox、Stephen Foster 和 David Tickner，中文版是基于与他们合作完成的英文书稿翻译而成，并在翻译过程中结合实际情况进行了必要的调整和完善。同时，本书引用了世界银行地下水系列出版物中的许多图片，对相关出版物的作者表示感谢，感谢他们的合作和允许。在本书出版之际，对参与编写和审稿的所有人员和专家一并表示最诚挚的感谢。

由于作者水平有限，书中难免存在疏漏，敬请读者批评指正。

李原园

2024 年 5 月

目录

第 1 章

地下水的性质、特点和功能

本章从生物物理角度描述了地下水系统，并介绍了地下水系统的功能。关键信息如下：

（1）地下水是一种重要的资源，但是因为储存位置较为隐蔽，其识别比较困难，其运行机理也难以掌握。

（2）地下水流动缓慢、分布广泛、储量大，能够缓解日益增长用水需求与水资源时空分布不均之间的矛盾。

（3）影响地下水补给和排泄的生物物理因素众多，包括降水、土壤植被、地形、含水层的透水性及孔隙率等。

（4）地下水和地表水的交互过程复杂，过量抽取地下水会减少地表水的可用水量，从而影响生态系统补给和人类使用。

（5）地下水是水文循环的组成部分。除这一主要功能之外，地下水还有重要的生态和地质功能，同时还是满足人类用水需求的重要水源之一。

（6）有效管理地下水，需全面了解影响其储量、流动过程的因素，并了解与其相关的生态系统。

1.1 地下水简介

地下水是水循环不可或缺的一部分（图 1.1-1），降水落到地面后，透过地表下渗到土壤、砂石和其他介质中。当水下渗到达基岩或其他不透水层时，无法再向下流动，此时水开始充满孔隙、裂隙和其他空隙。

沉积物或岩石中饱和带的最上端被称作地下水水位（图 1.1-2），地下水即指储存在地下水水位以下饱和带中的水。从某种程度而言，地下水

1

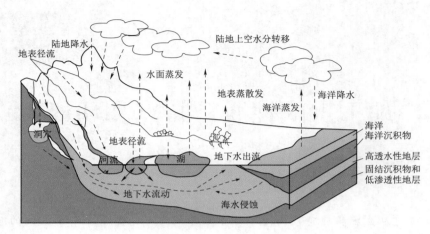

图 1.1-1　地下水和水文循环

无处不在。含有地下水的沉积物或岩石被称作含水层，当其透水性足够好时，在沉积物或岩石上打井，地下水就会从井中流出来。

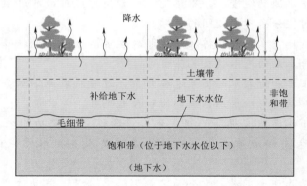

图 1.1-2　降水补给地下水示意图

　　简单来说，地下水系统包括补给和排泄，补给指水流入含水层，排泄指水从含水层中流出。降雨或融雪通过土壤表面下渗到地下水水位的过程称作地下水补给，河流和湖泊等地表水体也会对地下水进行补给，此外，灌溉等人类活动也会对地下水进行补给。地下水流入泉眼、河道、洼地（如湿地）和海洋的自然过程称作地下水排泄，也有通过打井等方式，从含水层中抽取地下水，用作人类活动的非自然排泄过程。

　　伴随着含水层中地下水的补给或排泄活动，地下水水位会上下浮动。含水层中最高与最低水位之间所蓄存的水量为调节水量。一般来说，调节水量只占含水层中总水量的很小一部分。调节水量中的地下水，也就是地下水通量，是在不消耗地下水储存量的情况下可长期抽取的最大水量。调节水量之外，存储在含水层中的其他水量称为储量。储量中的地下水通常需要经过上千年时间的累积才能形成，因此可以认为其是一种不可更新资源。

地下水规划和管理需要对地下水系统的运转方式有全面的了解。地下水补给和排泄的性质与范围、地下水流经含水层的速度、不同地下水体的性质（包括水量和水质），这些受到以下生物物理因素的影响：

（1）水循环的其他方面，包括气候、降水和地表水系统。

（2）地表过程，包括土壤、植被（或其他下垫面）之间的互动过程。

（3）区域地形，该因素会影响地表径流的下渗，也会对地下水排泄产生影响。

（4）含水层的水力特点，主要是含水层的渗透性和储水系数。

（5）含水层的水力条件，主要是含水层的压力和地下水水位的高度。

图 1.1-3 为地下水系统示意图，包括补给和排泄，影响补给和排泄以及含水层中地下水流动过程的生物物理因素。下面将进一步介绍相关内容，第 7 章中还将详细介绍相关因素。影响地下水补给和排泄的因素很多，但不同因素的影响程度存在差别。例如，位于中国华北地区的北京，约 70% 的地下水补给直接来自降水；而在中国西北的干旱区域，绝大多数的地下水补给来自地表水。

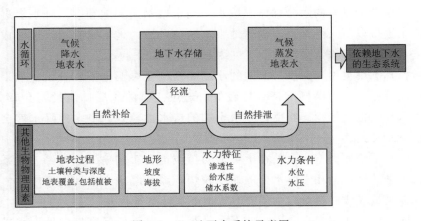

图 1.1-3　地下水系统示意图

1.1.1 降水

降水量和降水时间的分布均会影响地下水补给。如果降水时间分布均匀，降水入渗会逐步转化为土壤含水量而最终用于植被生长消耗，其结果导致地下水补给量的减少。然而，如果降水时间分布不均，则地下水在雨季获得补给的机会更多，反而会导致地下水补给量的增大。降水和地下水补给之间的关系非常复杂（图 1.1-4）。

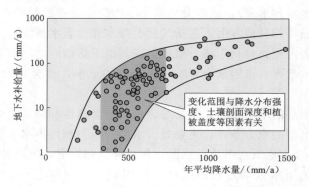

图 1.1-4 降水和地下水补给之间的关系

1.1.2 地表过程

降雨和其他类型的降水由非饱和带下渗至更深层的饱和带，变成地下水。土壤带中持有的水分称作土壤水。当土壤水达到饱和时，降水会进一步向土壤带以下入渗，直至到达地下水水位，成为地下水补给。能够成为地下水补给的降水数量取决于下列因素，具体如下：

（1）土壤类型和深度。土壤的厚度和结构会影响地下水补给。如果土壤带比较厚，土壤结构的持水性较好，透过土壤的深层排泄量就会减少，地下水补给也就较少。相反，如果土壤的持水性较差，更多的降水就会变成地下水补给。

（2）下垫面类型。生长在土壤上的植被也会影响地下水补给。根系发达、茂密的植被消耗土壤水分的速度较快，因此降水入渗到土壤中后，大部分被植被吸收。植被较为稀疏时，地下水补给量较大。

同样，上述因素也会影响地下水排泄量。对于任何直接的地下水排泄形式（例如排泄到泉眼或地表水体中）而言，土壤类型和深度均会影响排泄的速度和范围。根系发达的植被还可能直接从含水层中汲取水分。

1.1.3　地形

地下水系统通过地形地貌减缓了水的流动。大部分降水会经过地表快速流入河道，最终下泄到海洋中，其中一部分会下渗成为地下水补给，而地下水的排泄过程较慢，如此一来就可以为地表景观提供稳定的水源。

水在地表缓慢流动的特征与地形相关。在地形低洼处，降水会滞留在地表的池塘和洼地处，并缓慢下渗成为地下水补给。在这种情况下，地下水的流动路径又深又长，排泄到另一地点最终要花费数十年、数百年甚至数千年的时间。平原区上游的山丘区，含水层较薄，补给进来的地下水储存时间较短，便很快排泄出地下水系统，在没有降水时为河道提供基流（图1.1-5）。因此，地形会影响地下水补给和排泄，也会影响地下水在含水层中的流动。

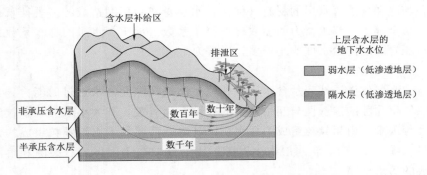

图1.1-5　半干旱气候条件下典型的地下水流动过程
及其在主要含水层中的停留时间

1.1.4　水力特征

含水层的水力特征是衡量含水层储水能力的指标，也是表征当含水层中水位或水压变化时，地下水从补给区向排泄区流动的参数。

1. 含水层储水量

含水层的孔隙度是指含水层中能够储存水的孔隙空间占整个含水层体积的比例。很多含水层是沉积含水层，由不同的砂石、淤泥和黏土颗粒组成，不同颗粒之间的孔隙空间可以储存地下水。由石灰岩等岩石溶蚀造成的裂隙、接缝和孔洞等也能为地下水创造储水空间。

在水文地质学领域之外，孔隙度也被广泛采用，但地下水水位随着含水层补给或排泄会上下浮动，此时用孔隙度去衡量流入或流出含水层的水量并不合适。这是因为当含水层构成材料为细颗粒时，水分会因毛细管力或其他分子力的作用储存在细颗粒之间，无法在重力作用下自由排泄。例如，细颗粒沉积物的孔隙度较大，但是在季节时间尺度上，能从其中排泄出的水量极其有限。含水层的给水度是一个更加有效的衡量指标，即指地下水水位每下降一个单位时，从含水层中释放出来的水量。例如，对于一个给水度为 0.2 的砂石含水层而言，地下水水位下降 1m 时，减少的蓄水量为饱和含水层体积的 20%。

承压含水层是指被不透水层覆盖的含水层。承压含水层的补给区距离较远，而且地下水也要经过较长时间的缓慢流动后才能到达排泄区。承压含水层是完全饱和的，其中地下水要承受静水压力。如果承压含水层中有水流出，含水层仍将处于饱和状态，这是因为流出的水是含水层中的水体积膨胀和构成含水层的材料（称作含水层骨架）压缩造成的。表征承压含水层全部厚度释水能力的参数称作释水系数。承压含水层的释水系数比非承压含水层的给水度要小得多，通常为 $10^{-3} \sim 10^{-6}$。

2. 地下水流动

含水层的渗透性表示含水层中孔隙空间或裂隙允许水透过的能力。含水层原生孔隙的渗透性与互相联络的孔隙空间有关，其大小取决于颗粒的尺寸等因素。由粗颗粒组成的含水层，其渗透性要好于由细颗粒组成的含水层（图 1.1-6）。含水层次生孔隙的渗透性取决于固体岩石裂隙和溶洞形成的透水空间。

渗透性是通用性术语，含水层的水力传导系数则是表征含水层允许地下水透过能力的指标，其意义为水力坡度为 1 时地下水的流动速度，将在第 6 章中详细介绍。

1.1.5　水力条件

受重力影响，地下水在含水层中流动。地下水的流动是由不同位置间的水力梯度引起的。水力梯度是两个位置之间的地下水水位高差（在承压含水层中为水压差）与其间距离的比值。

在非承压含水层中，地下水水位是含水层饱和部分的表面。地下水水位的埋藏深度会对地表水与地下水之间的相互作用产生影响。例如，如果地下水水位由于补给量较大而升高，此时含水层趋近于饱和。在此情况

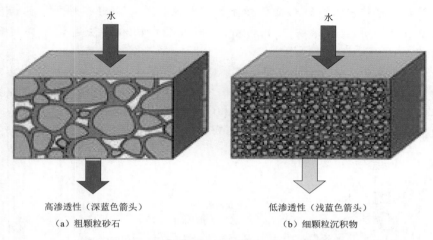

高渗透性（深蓝色箭头）　　　　　低渗透性（浅蓝色箭头）

（a）粗颗粒砂石　　　　　　　　（b）细颗粒沉积物

图 1.1-6　粗颗粒砂石与细颗粒沉积物的渗透性对比

下，任何额外的补给往往会立即回排至地表浅层洼地或河道中，从而降低补给速度。

　　含水层骨架构成了含水层的固体部分。承压含水层中的水压有助于含水层骨架抵抗地面沉降，支撑上覆地层的重量。过度抽取地下水会导致含水层中的水压变低，此时含水层骨架可能会在上覆地层的重压下变形。这种变化不仅会对地表地形产生影响，还会降低含水层的水力传导系数和储水系数。承压含水层中的压力对于人类取用地下水也具有重要意义（专栏 1.1-1）。

专栏 1.1-1

承压含水层中的自流和半自流条件

　　含水层是否承压对地下水的提取和管理有着非常重要的影响。非承压含水层是指在其全部深度上未饱和的含水层，其地下水水位位于含水层介质饱和部分的顶部。承压含水层是指在其整个厚度上饱和同时被低渗透性上覆地层（即承压层）覆盖的含水层。

　　承压含水层中的水都要承受静水压力。如果水压足够大（承压水水头高于地表），在含水层上钻孔打井，地下水能够通过水井自流至地表，这种情况下就存在自流条件。在自流条件下，水也可以沿着承压层中的断层或节理流出地表，形成天然泉眼。相反，在半自流条件下，因为水压不够大（承压水水头低于地表），含水层中的水无法通过水井流出地表。

上述差异对地下水的管理有着重要影响。在有自流条件的地方，修建水井时需要采用较高的标准。开采地下水会导致含水层水压变小，自流条件会转变成半自流条件，此时就需要利用泵站来提取地下水。自流井示意图如图 1.1-7 所示。

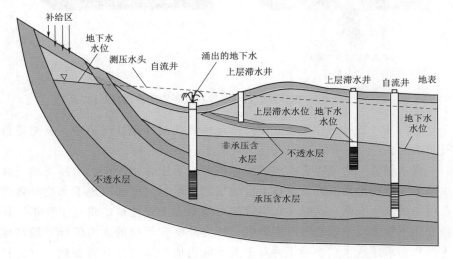

图 1.1-7　自流井示意图

1.1.6　地貌环境

土壤类型、地形和水力特征等通常与地貌环境密切相关。因此，地貌环境会对位于其下的地下水系统产生影响（专栏 1.1-2）。

专栏 1.1-2

地貌环境及其对地下水系统的影响

含水层所在区域的地貌环境对含水层的性质和特征有很大影响。通过地貌环境可以推断出地下水赋存的潜力、地下水流动系统以及地下水水质的特征。一些主要地貌环境下的地下水特征如图 1.1-8 所示。

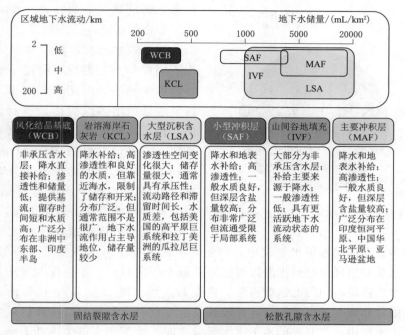

图 1.1-8　主要地貌环境下的地下水特征

1.2　地下水的特点和重要概念

1.2.1　地下水的特点

　　地下水是水循环的重要组成部分。淡水湖泊、河道中的水是最常见的淡水形式，但仅占地球上淡水总量的 1.3%，而地下水占淡水总量的比例约为 30%（图 1.2-1）。虽然地下水的开发利用并不容易，但在全球范围内，地下水为人类提供了 25% 的生活用水和 40% 的灌溉用水（见 2.1 节）。

　　与地表水相比，地下水的重要性经常被忽略。尽管上述数字概述了地下水的总体情况，但并未指出将地下水作为陆地生态系统和人类生活用水的水源时，将面临的种种限制。在一定的时间周期内，并不是所有的地下水都是可以更新的。大部分的地下水水位较深，难以获取和利用，过度开采深层地下水又易引发地面沉降问题。此外，地下水和地表水资源之间存在重复部分，若过量抽取地下水，可利用的地表水量将会减少，从而引起

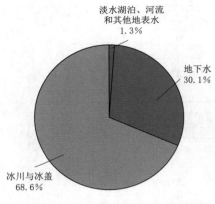

淡水湖泊、河流
和其他地表水
1.3%

地下水
30.1%

冰川与冰盖
68.6%

图 1.2 - 1　地下水占全球淡水的比例

管理上的问题。下面将进一步对这些问题进行讨论。

与地表水相比，地下水具有很多不同的特点。湖泊和河流不论大小都位于地表，因此水的流动方向以及水量的增多减少都是显而易见的。相反，地下水是隐藏在地下的资源。一般可以根据某个地区的地貌特征推断出当地的地下水分布情况，但是有关地下水的储量信息，以及补给和排泄组成等难以确定。

地下水的流动速度比地表水要慢得多。在浅层地下水系统中，即使排泄区离补给区仅有几千米的距离，地下水从补给区流动到排泄区可能要花数十年的时间。在更深的流动系统中，水的停留时间可能达数百年，甚至数千年（图 1.1 - 5）。正是地下水这种隐蔽和流动缓慢的特点，导致其发生变化时难以察觉。在补给量少的地下水系统中，当开采的地下水水量较多时，地下水水位会逐渐下降，排泄到当地河道和地下水依赖型生态系统中的水量会逐渐减少。这些变化的发生过程可能非常缓慢，以至于在发生实质性变化之前往往不易引起注意。停留时间很长的地下水应该被视为"化石资源"，一旦被使用，在一定时间内难以得到更新。因此，与大多数地表水不同，这种类型的地下水是不可再生资源。

地下水的隐蔽性还体现在其补给过程也不明显。土地利用方式的变化可能会使地下水补给过程发生意想不到的相应变化。比如，土地清理会减少植被对土壤水分的吸收，从而增加地下水补给。作物灌溉的引入可以显著增加地下水补给。相反，植树造林或土壤加固会促进对土壤水分的吸收，从而减少地下水补给。

地下水的缓慢流动特性带来了长期稳定的地下水储量，地下水储量不会受到蒸发的显著影响，这点与地表水相比具有一定的优势。地下水更加稳定，短期和长期变异性较小，受季节性事件（例如干旱）的影响也较小。此外，在面对降水的季节性变化时，甚至是面对长期干旱时，地下水还能起到缓冲作用。因此，地下水是一种能够有效应对气候变化的资源。

　　与地表水相比，地下水还有分布更加广泛的优势。虽然对于生活在湖泊和河流附近的用水户而言，很容易就可以获取地表水，但是地表水空间分布不均的特点较为突出。在全球范围内，地下水含水层的覆盖范围很广，对于那些气候条件恶劣、降雨较少、无法稳定产出地表水的地区而言，地下水能够成为重要的水源。澳大利亚的大自流盆地就是这类系统的典型代表（专栏1.2-1）。

大自流盆地：地表水缺乏地区的主要地下水资源

　　大自流盆地占澳大利亚面积的1/5，盆地的大部分都处于干旱地区。盆地由多层中生代的沉积物组成，地面以下是更为古老的盆地和基岩。大自流盆地分为多层，其中包括砂岩含水层。盆地拥有很多支流系统，水源补给多发生在盆地东部边缘，大部分水沿着西南方向在澳大利亚中部干旱地区的地下流动。水的流动路径能够长达数千米，下渗深度超过1km，最长停留时间可达2000年。大自流盆地的地下水是很多城镇唯一的可靠供水来源，支撑着当地的畜牧业。干旱地区排泄了数千年的泉水支撑了发展起来独特的生态系统。

　　尽管地下水在很多方面的适应性比地表水更强，但是地下水系统一旦遭到破坏开始退化，其修复工作就会非常困难。对于过度开采的地下水系统，需要花费数年甚至数十年的时间才能补充。而对于被污染的地下水，水质恢复耗资巨大，而且往往无法恢复（2.4节）。

　　地表水和地下水存在差异，但也互相关联。例如，从河道中取水会减少对地下水的补给。同样，开采地下水也会减少地下水排泄到河道中的水量。从更宏观的层面而言，地下水系统能够将降水转变成可利用水量，这样能够为生态系统和人类生活提供更加稳定的供水。降水通过入渗变成地下水储存量，在含水层中缓慢流动，最终以相对稳定的速度排泄到河道中，支撑相应的生态系统。总而言之，地下水系统使水资源的流动变慢，从而让降水转化成可利用水量的时间过程变得均衡。

1.2.2　地下水平衡

　　绝大多数地下水系统包括一个或多个补给来源、一个或多个排泄渠道以及一定储量的水（水量通常通过含水层的水位体现）。

（1）天然地下水补给包括以下几类：

1）直接的降水入渗补给。

2）来自河流和湖泊的入渗补给。

3）侧向补给，即从相邻地下水体的含水层流入的水量。

（2）天然地下水排泄包括以下几类：

1）深层植物根系直接从含水层中消耗的水量。

2）排泄到泉眼、湿地、河流、湖泊和海洋中的水量。

3）侧向流入相邻地下水体的水量。

水平衡的组成部分可以根据局部含水层到区域系统等不同尺度来确定。针对不同的气候、地形、地质和其他因素，不同的补给部分和排泄部分对水平衡的贡献存在较大差异。

地下水平衡关注的是含水层中的地下水水流系统，而不是上覆地层（图 1.1-5）。上覆地层中的水有其流入和流出组成部分。在大多数系统中，大部分降水通过毛细作用保持在土壤中，仅有一小部分降水入渗到土壤层以下，成为地下水补给量。大部分通过植物蒸散发的水分来自土壤含水量，只有根系较为发达的植物才会直接从土壤层以下的地下水储量中汲取水分。

对于非承压含水层而言，地下水水位以下的部分均是饱和带，因此地下水水位确定了地下水系统饱和带中水位最高的位置。在地下水水位以上，水的运动和保持高度依赖毛细管力。地下水水位以下全是饱和环境，地下水流动主要由重力决定。地下水水位的高度决定了地下水系统的储水量。如果地下水水位上升，则储存的水量增加，这意味着补给增多和（或）排泄减少。

从概念上而言，在没有任何人为干扰的情况下，地下水系统将处于平衡状态。地下水补给和排泄会有季节性的变动，或是因为长期干旱有所波动，此时地下水系统中储存的水量也会随之变化。然而，随着时间的推移，地下水水位将趋于稳定，地下水系统也将处于动态平衡的状态。图 1.2-2 示意了地下水平衡系统发生的季节性变化。

人类的很多干预行为会导致地下水补给和排泄发生变化，从而影响储水量，并导致自然水平衡发生变化，第 2 章将详细讨论这一问题。如果水平衡中的任一组成部分发生变化，那么其他组成部分也会随之发生改变。例如，为满足人类用水需求而从含水层中抽取地下水，使水平衡中新增了

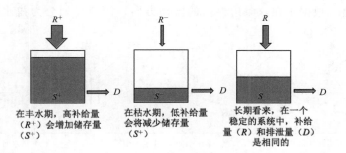

注：R^+ 和 R^- 分别表示补给量增加和减少；S^+ 和 S^- 分别表示储量增加和减少；D 表示排泄量。

图 1.2-2　地下水平衡系统的季节性变化示意图

排泄项，那么含水层中的地下水水位会随之下降，直至达到一个新的平衡。地下水水位下降后，达到新的平衡有两条路径，或者是含水层以上的河道增加对含水层的补给，或者是减少向河道和湿地中的天然排泄。不论是通过上述哪种路径达到新的平衡，都会对地表水资源和地下水依赖型生态系统产生影响。只有当水平衡组成部分的相关变化以及这些变化所产生的经济、社会和环境影响被社会理解和接受时，开发利用地下水的行为才能被视作是可持续的。5.4 节将详细讨论这一问题。

对于停留时间很长或是补给和排泄完全脱节、可被视作化石资源的地下水而言，可持续取水的概念具有不同的含义。对于任何采矿企业来说，只有社会能够认同其为当代和子孙带来的收益和代价时，才能认为其矿产资源开发利用是可持续的。7.3 节将详细讨论这一问题。

1.2.3　地表水-地下水界面

作为水文循环的重要组成部分，地下水及地下水系统通常与河流、湖泊等地表水系统相关联。影响地下水系统的行为，例如开采地下水或其他改变地下水平衡的行为，可能会对地表水系统产生影响，反之亦然。在山丘区，当降水量较大时，一部分降水会形成地下水补给，另一部分会形成地表径流流入河道。在枯水期，得到补给的地下水往往会排泄至河道，从而维持河道的低流量。在山区以下的峡谷地带中，这一过程能够使降水转化形成的可利用水量分布得更加均匀，以满足生态系统和人类使用（图 1.2-3）。

河道可作为含水层的补给边界或排泄边界。含水层和河道之间的水量交换非常复杂，而且往往是季节性的。当地下水水位低于河道水位时，水就会从河道流入含水层；当地下水水位高于河道水位时，水便会从含水层

13

流入河道。根据水在这条边界上的流动方向，河道可划分为盈水河和亏水河（图 1.2-3）。

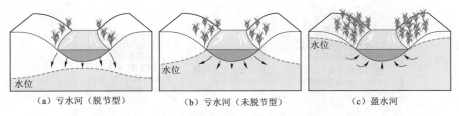

（a）亏水河（脱节型）　　　（b）亏水河（未脱节型）　　　（c）盈水河

图 1.2-3　地下水与河流水流的互动类型

在河道的上游山区河段，含水层薄且存储空间有限。此时，河道更加可能成为盈水河。降雨停止后，地表径流过程完成，地下水就会排泄水量，为河道提供基流。在山区以下的平原地区，地下水含水层往往低于河道河床，此时河道更加可能成为亏水河。因此，在上游山区河段，地下水以基流的形式进入河道形成的排泄量，往往会成为下游平原区地下水系统的补给来源。

地表水和地下水相互转化的关系受河段所处位置的影响不大，但会受水量季节性变化和长期变化的影响。河道的上游河段水量充沛时，就可能成为亏水河，为位于其下部的含水层补给水量。但是旱季过后，河道水位较低，该河段又会成为盈水河。同样，当长期大量开采地下水时，会对水平衡造成结构性改变，使地下水水位时间下降，此时位于含水层上部的河段便会从盈水河变为亏水河。

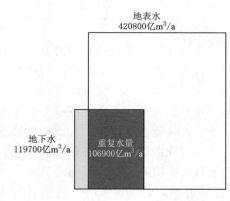

图 1.2-4　地下水和地表水的总通量及二者重复部分

对于不同区域和不同含水层，地下水与地表水之间的相互补给和排泄作用差别很大。在伊朗和中国华北平原，地表水补给量占整个地下水通量的 21%～26%。相比之下，在沙特阿拉伯，地表水贡献了 90% 的地下水通量。

从全球范围看，地表水和地下水系统的重复水量数量巨大（图 1.2-4），全球地下水通量的 90% 与地表水有不同程度的重复。

以上部分只是地表水和地下水

互动中的一个方面。地下水对地表水系统的重要性还取决于地下水水量流入地表水的时间。对于很多河道来说，地下水是河道基流的重要来源。当河道濒临干涸时，地下水能为河道提供水量，从而维持一系列关键的生态系统过程，为许多水生生态系统和陆地生态系统提供水量（图1.2-5）。

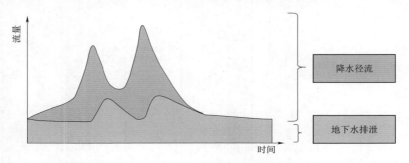

注：在现实中，地下水流量往往会随时间而变化，但尽管如此，
它相对于降雨带来的流量而言通常是稳定的。

图1.2-5　一条假想河流流量中地表水和地下水的相对贡献

比较重要的一点是，从水资源管理的角度而言，满足人类和环境需求的可更新水资源总量，实际是大部分地表水和地下水的总和（图1.2-6）。因此，从任何一种水源中取水，都会影响另外一种水源的可利用水量。例如，对于盈水河来说，抽取地下水会影响地表水和地下水之间的平衡，可能导致进入地表水水体的排泄量减少，从而致使河道流量减少。同样，从亏水河中取水，可能会减少相关地下水系统的补给量。在不同用水户之间分配地表水和地下水资源时，需要考虑这些因素（见第9章）。

1.2.4　海水界面

在沿海地区，地下水通过含水层流向大海。当地下水遇到浸透海底含水层的海水时，由于海水比淡水密度高，淡水有向上流动越过海水的趋势，从而在沿海含水层中形成咸淡水交汇的楔形界面（图1.2-7）。

地下淡水和海水之间的界限向来不清晰。当气候条件产生短期或长期变化时，地下水流也随之发生变化，咸淡水界面的位置会来回移动，导致在海水和地下淡水之间形成一个混合带。盐分的扩散也会影响该混合带的范围。

人类活动引起的地下水平衡变化也会改变咸淡水界面的位置。如果开采地下水引起自然排泄减少，咸淡水界面底部的尖点（盐趾）会向内陆移

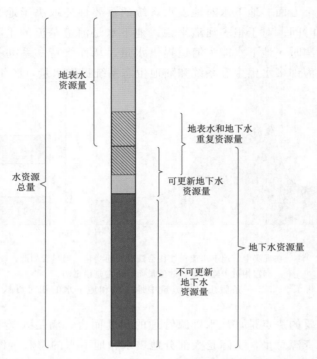

地表水
资源量

地表水和地下水
重复资源量

水资源
总量

可更新地下水
资源量

地下水资源量

不可更新
地下水
资源量

图 1.2-6 水资源总量、地表水资源量和地下水资源量
三者之间的关系

动，使得沿海地带的淡水水质恶化，并可能造成严重后果（见 2.4 节）。

1.2.5 地下水水质

土壤和岩石是一道天然屏障，保证位于其下的地下水不太容易受到细菌等污染物的影响（尽管不能完全免除）。但是，这并不意味着地下水可直接作为饮用水源，因为地下水中可能存在一系列可溶性矿物质和有机物。

盐度是水质的基本指标之一，在地下水中差别很大。在浅层地下水系统中，土壤层中的部分盐分会在水量补给过程中溶解。对于具有较长流动路径和停留时间的地下水系统，某些化学物质在流动过程中可能会和含水层材料发生化学反应。如果含水层材料较为活跃，流动路径和停留时间均较长，地下水的盐度可能会变得很高。因此，地下水的盐度变化比地表水大得多，有的地下水水质非常好，可以作为饮用水；有的地下水盐度则比海水还要高。

16

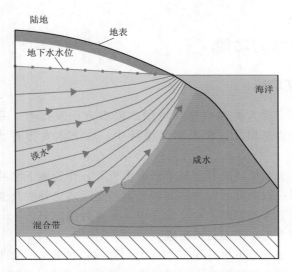

图 1.2-7　沿海地下水含水层排泄至海洋中形成的
典型咸淡水界面

　　即使盐度问题不突出，微量元素也会降低地下水水质，特别是用于饮用的地下水。高氟水不仅会导致氟斑牙问题，而且越来越多地被视为一系列严重疾病的致病因素，因此在供水时需将水中的氟含量控制在可接受的水平。全球范围内，以地下水作为饮用水的人口达数百万，地下水中砷含量过高会导致很大的健康风险。砷的来源非常复杂，包括污染和天然地球化学过程，通常和氧化还原反应有关。另外，地下水中铁和锰含量升高会导致肺病、支气管病以及其他健康问题。这些元素通过与矿物质的水化学作用进入地下水，微生物的代谢活动会对这些元素的状态产生影响。

　　天然地下水也容易遭受人类活动带来的污染。在补给区，病毒和细菌等病原体通过粪便和尿液进入地下水。然而，位于含水层上方的土壤层和低渗透层提供了一道屏障，使得含水层在一定程度上受到天然的保护。土壤层、非饱和带及饱和含水层环境不利于病原体生存和繁衍，结果导致大多数病原体在土壤层便已死亡，只有一小部分能够存活下来，历经深层排泄到达地下水水位以下的含水层。含水层中的病原体数量随着滞留时间的推移逐渐衰减，大多数病原体在大约 50 天内会被清除干净。因此，除喀斯特岩溶含水层之外，病原体在离补给区几十米范围外存活的概率非常小。第 10 章将详细讨论地下水污染问题。

1.3　地下水的功能

1.3.1　水文功能

地下水在支撑人类和自然环境用水需求方面发挥着一系列重要的作用，从古至今皆是如此。在大水文循环中，地下水发挥着重要的水文功能，具体如下。

（1）从大水文循环的其他环节获取水资源，作为地下水补给。

（2）储存获取的补给，并将其输送到一定距离之外的其他地点。

（3）将地下水排泄到大水文循环中（大多数情况下）。

这一过程会带来诸多后续影响。

降水入渗变成地下水减缓了水流向海洋排泄的进程。如果没有这一过程，降水将迅速形成径流流入河道，并下泄到海洋中，从而减少生态系统被水润泽的机会。虽然地下水流动在概念上是降水最终流入海洋的途径之一（图1.1-1），但实际流动路径是非常复杂的。水进出地下水系统和地表水系统，从局部到区域范围内，地下水储存时间跨度从几天到几千年不等。地表水和地下水之间的水文相互作用改变了河道的水流特征，降低了洪峰流量，并为河道提供了基流。

地下水直接捕获和滞留降水以及与地表水相互作用的直观效应减缓了降水沿着河道下泄入海的速度，从而使得水在陆地停留更长的时间。除了对可利用水量产生影响外，这一过程还可以改善水质。补给水量中的病原体在地下环境中被清除，水在回到大水文循环之前得到净化。

一个相关的水文观点是，地下水是起缓冲作用的储存水量，因为它的储存容量较大，便于对地下水补给和排泄的短期变化进行平衡。如果补给和排泄处于长期的平衡状态，地下水系统就可以视为一种可再生资源。

除了这一核心水文功能之外，地下水及地下水系统还发挥着另外两个重要的自然功能：生态功能和地质功能。

1.3.2　生态功能

通过减缓水在陆上的流动速度、降水期间储存水量、以稳定的速度排泄水量等功能特点，地下水系统提供了与生态用水需求更加匹配的水量。降水往往是季节性的，也受旱涝周期的长期变化影响。虽然在干旱地区，生态系统通过最大限度地减少蒸发，以及最大限度地截留及储存有限的可利用水量，已经演变出一套应对缺水压力的机制，但对于大多数生态系统来说，仍然需要稳定的水源。通过降水直接补充的土壤水分储存在很大程度上满足了这一需求。然而，最具活力的生态系统是在那些直接由降水补充水量的河道沿线发展起来的。

地下水系统通过向河道提供更加规律的水流，来支撑与河道毗邻的生态系统。山区发生强降水事件时，一部分水量入渗成为地下水储存量，减少了地表直接径流，削减了河道流量过程线上的高流量部分。降水停止后，河道水位下降，储存在地下水中的水量缓慢排泄至河道，成为河道基流。基流不仅维持了河道植被和动物的生长，还为下游河谷地区提供了水流，在那里基流可能会入渗到更深层的含水层系统，再次成为地下水。位于下游河谷地区的地下水系统分布广泛、流程较长，最终地下水会排泄到不同类型的湿地中，包括位于偏远沙漠地区的特殊生态系统。1.4 节将讨论不同的地下水依赖型生态系统。

虽然地表水和地下水系统之间的相互作用很复杂，但地下水的整体生态功能就是储存并延缓水在陆地上的流动，为生态系统提供更多的水量。抽取地下水会引起地下水水位降低，如果水位降低导致地下水排泄量减少或是消失，地下水依赖型生态系统会受到影响。

1.3.3　地质功能

地表水系统和地下水系统提供地质功能。地表水系统侵蚀、运输和沉积物质，日积月累的沉积物会在洪泛平原上淤积成土地。地下水系统发挥着完全不同的地质功能维持含水层结构的完整性。

储存在含水层孔隙空间中的水，以及构成含水层的含水介质（即含水层骨架），均受到重力影响。在重力作用下，储存其中的水会对含水层形成压力，含水层骨架及上覆岩石随着时间推移会逐渐被压实。如果含水层中的黏土颗粒或其他机械强度较低的矿物在重力作用下发生永久变形，则会挤压含水层中的孔隙空间，导致孔隙空间减少。含水层中的水压有助于承载含水层及上覆岩石的重量，从而抵抗压实趋势，保持含水层的结构完整性。

过度抽取地下水会降低含水层水压，损害地下水履行这一地质功能的能力。一方面，含水层压实会影响含水层的水力特性，降低其输水和储水能力。另一方面，含水层压实还会导致地面沉降（各地沉降程度通常不均匀），影响土地利用、排水和运输系统。在制定地下水规划的过程中，要考虑地下水储水量变化导致含水层压实的可能情况。

　　这些不同的水文、地质和生态功能为人类社会直接或间接地提供了诸多重要益处（图 1.3-1），包括作为人类生活的重要水源，并通过依赖地下水的生态系统向人类提供生态服务等。第 2 章将进一步详细介绍地下水在社会和经济层面的作用。

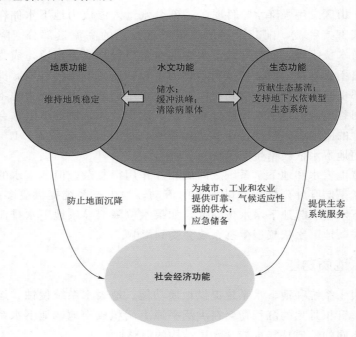

图 1.3-1　地下水的功能

1.4　地下水依赖型生态系统

1.4.1　概述

　　对很多生态系统而言，地下水都至关重要。地下水依赖型生态系统（groundwater-dependent ecosystems，GDEs）完全依赖地下水或是在很大程度上依赖地下水来维持相应的生物群落。

　　在某些情况下，生态系统对地下水的依赖显而易见，比如在干旱环境中，地下水以泉水的形式涌出。但是，在大部分情况下，生态系统对地下水的依赖没有如此绝对。例如，滨海潟湖生态系统能够与微咸水环境协调发展，而该微咸水环境是地下淡水排泄和海水混合的产物。另外是由季节性河道支撑的生态系统，地下水渗漏为河道提供基流，为洼地提供储水量，从而使得生态系统能够更好地适应水资源不足的情况。

地下水对生态系统的支撑形式可能涉及维持地表水水量（在此情况下，地表水是支撑生态系统的水源），而不是直接向生态系统提供地下水。该生态系统可能是一个由地表水进行补水的湿地，毗邻含水层中需要保持较多的储水量，才能避免湿地中的水量排泄至含水层。这样的生态系统是间接依赖于地下水。

地下水中的动物群落是一种不起眼的地下水依赖型生态系统。地下水中的动物是完全生活在含水层中的生物，有可能是淡水含水层，也可能是咸水含水层。这些生物可能生活在含水层的洞穴、裂缝或孔隙中。它们能够适应黑暗的环境，其食物来源也非常有限。大多数地下水中的动物是无脊椎动物，包括甲壳类、蠕虫和蜗牛等。由于地下水中的动物群落并不引人注目，直到最近几十年才开始对它们进行研究。

地下水和地表水的特征差异，导致其所支撑的生态系统类型也存在差异。河流中的水流动快、变化迅速，依赖河流的生态系统要具备适应变化环境的能力。相比之下，地下水是一种流动缓慢、更加稳定的水源。因此，地下水依赖型生态系统中的生物多属于同一门类，只有当地下水平衡出现结构性变化时才容易受到影响。

下面将详细介绍不同类型的地下水依赖型生态系统，示例如图 1.4 - 1 所示。

1.4.2　干旱地区湿地生态系统

在干旱地区，泉水支持着几乎完全依赖于地下水的生态系统。地下水可能是局部地区水流系统的一部分，也可能流经更宽广的区域。例如，在美国加利福尼亚州西部的死亡谷，稀疏的降雨入渗到渗透性较好的砂石中（砂石覆盖在不透水层上），并排泄到山谷底部的河床中。然而，部分补给水量会沿着更深的流动路径向邻近山谷中排泄。

在澳大利亚大自流盆地，部分地下水从相对靠近补给区的泉眼中排泄出来，但另一部分地下水则要历经长途跋涉，排泄至澳大利亚中部的干旱地区。这些地区曾经也是湿润地区，大约 400 万年以前变成沙漠，当地的

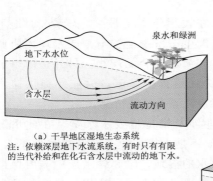

（a）干旱地区湿地生态系统
注：依赖深层地下水流系统，有时只有有限
的当代补给和在化石含水层中流动的地下水。

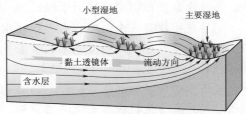

（b）湿润地区湿地生态系统
注：个别生态系统可以依赖（或使用）多层
含水层流动系统中不同深度的地下水。

（c）湿润地区水生河床生态系统
注：河流上游可变生态系统，部分受常年
地下水排泄的影响，部分受间歇性地下水
流的影响。

（d）滨海潟湖生态系统
注：生态系统依赖于涨潮时地下淡水排泄与
轻微的海水入侵混合产生的微咸水。

（e）干旱地区陆地生态系统
注：草原生态系统依赖于根系较深的树
木和灌木丛，它们直接触及地下水水位
或其毛细边缘（分布受渗流带沉积厚度
和固结程度的限制）。

图 1.4-1　地下水依赖型生态系统类别及其相应的地下水流动状况

生态物种有的适应了新的沙漠环境,有的则灭绝了。一些人在盆地的泉水中发现了被认为已经灭绝的物种,它们把泉水作为"避难所"却最终被困在这里,成为该物种仅存的种群。这些泉眼的自流处于一种微妙的平衡状态,自流压力的小幅下降可能会使水流停止流动,从而对这类生态系统造成重大影响。

1.4.3　湿润地区湿地生态系统

一些水体因为地下水的排泄演变成了湿地生态系统。与干旱地区相比,湿润地区的地下水补给量更大,因此地下水的排泄量也相对较大。这些相对较大的地下水补给量,一部分会沿着浅而短的流动路径出现,直至汇入湿地;另一部分则会渗入地下,沿着更长、更深的流动路径汇入湿地。

不同补给方式形成的湿地也呈现出不同的特点。浅层地下水流系统补给的湿地多为季节性的。而更深层的地下水流补给的湿地则更加持续、稳定,更加符合干旱地区湿地由深层地下水系统补给的水文特征。

1.4.4　湿润地区水生河床生态系统

依赖地下水的水生生态系统,往往与以地下水排泄作为基流的河道相伴相生。水生生态系统对地下水的依赖程度各不相同。在流域上游的山区,含水层很薄,无法维持整个旱季的河道基流。这些地区的生态系统虽然在某种程度上依赖地下水作为基流,但它们已进化出应对缺水情景的适应能力。

在山区向平原地区转变的下游河段,河道基流通常更加稳定持久,能够达到常年有基流。在这些河段,生态系统对可利用水资源量的依赖程度很高,因此对地下水的依赖程度也非常高。

河流继续蜿蜒向下,在下游较低的平原地区河段很可能是亏水河。在这种情况下,尽管河道水流中可能包含部分由上游河段贡献的地下水排泄量,河道生态系统将不再直接依赖地下水。

1.4.5　滨海潟湖生态系统

由于咸淡水密度差异,在沿海环境中流向大海的地下水在遇到海水时倾向于向上流动。因此,地下水往往会在海岸附近排泄出含水层,形成沿海湿地。在这个过程中,海水和地下水发生一定程度的混合,并在混合区形成微咸水。在潮汐作用下，海水也会与地下水补给的湿地发生混合。基于以上过程，沿海湿地中的水往往是微咸水，形成了耐盐的生态系统。

1.4.6　干旱地区陆地生态系统

依赖地下水的陆地生态系统在某种程度上依赖于紧靠地下水水位上方的毛细水作为水源。热带和亚热带草原上的树木便是高度依赖地下水的陆地生态系统的例子。

陆地生态系统对地下水的依赖程度差异较大且较为复杂。树木可以在一定范围的深度扎根，并在任何特定的时间从最容易获得的地方汲取水分。在干旱地区，大部分用水需求都由地下水水位以下储存的水量来满足，包括浅层根系的水合作用，以维持其在较长干旱期的生存能力。

在仅部分依赖地下水的陆地生态系统中，植物通过加深根系来适应地下水水位下降的能力各有不同。随着地下水水位的下降，可能导致组成该生态系统的物种发生阶跃变化。

专栏 1.4 - 1

大自流盆地中依赖泉水补给的湿地

大自流盆地（great artesian basin，GAB）是澳大利亚最大的含水层，几乎占据了澳大利亚整个大陆面积的 1/4。含水层中的压力使得地下水在不同地点以天然泉水的形式流向地表，其中许多地方拥有稀有物种。近期，一项关于大自流盆地 326 个泉水区 6000 个泉眼的研究，识别出 98 种稀有物种，包括鱼类、软体动物、甲壳类动物和植物等。研究分析表明，这些物种中的许多都极其罕见（有的仅在 1 个泉眼中存在），也未在自然保护区中得到有效保护。一项与此相关的风险评估发现，为这些高度脆弱物种提供生存环境的泉眼，面临着地下水水量减少（导致泉眼枯竭）、植物和动物入侵、牲畜破坏、人类改造（如开挖泉水）等因素构成的威胁。

第 2 章

变化环境下的地下水

本章描述了人类利用水资源和土地的方式，以及这些活动对地下水和地下水所发挥的社会经济功能所产生的影响。关键信息如下：

(1) 地下水一直以来都是全球重要的水资源。在社会寻求实现可持续发展目标的过程中，它将继续发挥重要作用。

(2) 人口增长和城市化极大地增加了地下水开采量，导致世界上很多地方的地下水储量面临枯竭。

(3) 由于地下水储量减少而引起的地下水水位下降，已经或可能继续带来粮食生产成本的增加、地下水依赖型生态系统破坏和地面沉降等问题。对一些高度依赖地下水作为供水水源的区域而言，还存在灾难性供水中断的风险。

(4) 除直接开采地下水以外，人口增长和城市化进程导致的土地利用加剧，扰乱了自然水平衡，增加了地下水恶化的风险。

(5) 对地下水系统进行有效管理，需要全面了解导致自然水平衡发生变化的驱动因素，以及这些变化对地下水持续发挥经济社会、生态和地质功能带来的威胁。

2.1 地下水开发利用历史

2.1.1 概述

几个世纪以来（在某些地区甚至是数千年以来），人类社会在利用地下水的同时也对地下水系统产生影响。其中，就包括通过人工打井和机械钻井（近代以来才开始采用）等方式抽取地下水，以满足人类需要。此外，还包括采取措施增加地下水补给（例如人工回补以增加含水层中存储的水量，作为未来用水储备），以提升地下水水源的供水保证能力，来满足人类用水需求。除了这些有意为之的措施之外，人类活动还会对地下水系统造成越来越多意料之外的影响，这些影响往往是负面的。

人类活动可能通过多种方式对地下水系统产生影响（图 2.1-1）。例如，下垫面的变化会改变天然的补给模式，从而改变下渗模式。灌溉或清除植被会导致地下水水位发生变化。采矿会直接影响含水层的物理结构，改变地下水的流动形态。本章将讨论地下水系统和人类社会的互动过程，包括地下水在经济社会中发挥的作用及其重要性，地下水资源快速开发利用背后的驱动因素，以及影响地下水系统可持续性的威胁因素等。本章从不断变化的社会、经济和生物物理因素的视角来考虑上述互动过程。

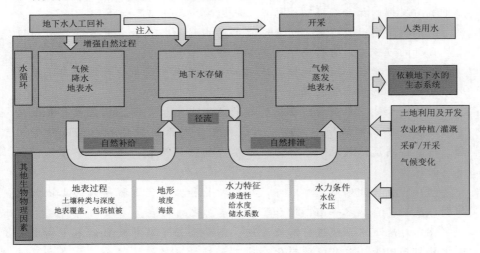

图 2.1-1　地下水水流系统与人类活动的互动及人类活动
和其他生物物理因素对地下水循环的影响

2.1.2　古代文明对地下水的利用

人类利用地下水的历史非常悠久。在非洲东部，古代居民迁徙的一个重要原因就是寻找地下泉水。这些泉水不仅让早期人类在干旱的土地上迁徙时得以生存，而且成为不同种群相互融合之处，从而影响了基因遗传多样性，并最终影响到人类种群的进化。

澳大利亚原住民修建地下水库已有数万年的历史。这些地下水库被用来存储和过滤水,从而保护水不受污染,同时可以减少蒸发。地下水库中的水既可以从天然泉眼中直接获取,也可以通过打井方式取水。原住民利用地形、鸟类、动植物等寻找水源。青铜时代的古米诺斯文明在克里特岛上利用水井开采地下水,如今希腊各地的古代遗迹还留存着许多井眼。

古代对地下水的使用也涉及水量分配和灌溉系统等较为复杂的问题。坎儿井是用来调取地下水供人类生活和灌溉使用的地下水道,已在非洲北部、中东和中亚等 30 多个国家和地区得到应用,如图 2.1-2 所示。

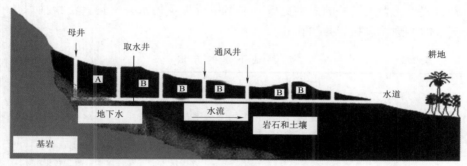

（a）剖面图

（b）鸟瞰图

图 2.1-2　典型坎儿井示意图
A—出水段；B—输水段

坎儿井这种类型的地下水开采利用系统,起源于公元前 3000 年左右的波斯,其对灌溉农业的传播起到了非常重要的作用。在中国西部的吐鲁番盆地,也存在类似的地下水利用系统,那里有 1000 多口坎儿井,组成坎儿井灌溉系统,该系统长达 5000 多千米,年供水量超过 3 亿 m^3,约占当地供水总量的 30%。

2.1.3　利用地下水的方法

地下水通常通过泉眼、人工挖井或钻孔来获取（表 2.1-1）。泉眼是

含水层中的水量自然排泄至地表形成的。在发明出挖掘工具之前，泉眼是
获取地下水的唯一途径。随着人们在分散的泉眼附近定居下来，便开始对
泉眼进行挖掘，以便在地下水水位较低、泉水流量变小时，能够持续不断
地获取地下水。这些便是井的最初形态。在 20 世纪钻孔打井设备普及之
前，人工挖井一直是获取地下水的主要方式。管井或孔井的钻孔口径相对
较小，这种钻孔是用机械设备从地表钻入含水层并用套管进行衬砌。这种
方式能够达到比人工挖井更深的深度，而且随着钻井技术的不断提升，这
种方式也比人工挖井的成本更低。本书中所提及的水井一词，泛指抽取地
下水的方法，包括管井和孔井。

表 2.1-1　　　　　　　　　利用地下水的方法

方法	介　　绍	其他需考虑的因素
泉眼	(1) 地下水在地表自然流出形成； (2) 不需要任何设备或挖掘工作就可以直接获取地下水	(1) 由于暴露在自然环境中，泉水很容易受到污染； (2) 可以采取措施改善泉水存储，例如建设集水箱，在干旱时期储存水；或者在泉水上方安装盖子，减少污染
人工挖井	(1) 获取浅层地下水； (2) 为维持井结构的完整性，常用砖或其他材料进行衬砌； (3) 全球范围内，采用人工挖井获取地下水已有数千年的历史	(1) 该方法只适合土质足够松软、具备人工开挖条件的地方； (2) 如果井口是敞开的，很容易受到污染； (3) 如果井的尺寸较大，还可以作为微型水库。但是，储水量受限于浅层地下水的可利用量，如果遭遇长期干旱，井会干涸
管井或孔井	(1) 在地上打的小口径钻孔，通常都是垂直的，并且用套管进行衬砌； (2) 能够提取更深层的地下水，而不受干旱时期地下水位变低的影响	(1) 能够打穿坚硬的岩石； (2) 能够更好地保护地下水不受污染； (3) 钻孔技术有很多种，通常用电动钻机； (4) 通常涉及将水抽到地表的持续能源成本
收集井	垂直钻孔或井眼，配套在水平方向上打的水平孔，用以更多地收集地下水	通常用于季节性河流附近的冲积层
渗水导管	(1) 在地下水水位以下开挖的水平沟渠或排水沟，通常用于从松散冲积层中（包括沙河）提取浅层地下水； (2) 将地下水排至集水坑，供人们提取	(1) 适用于用水需求较为固定和连续，且需要最大程度减少能源消耗的地方； (2) 适用于从透水性差或不连续含水层中取用地下水

续表

方法	介　绍	其他需考虑的因素
坎儿井	通过重力作用转移地下水的地下河道，通常从主井中取水	（1）用于在蒸发量较大的干旱地区输送水源，用作灌溉或其他用途； （2）利用重力输水，因此不需要能量输入

　　泉眼仍然是重要的分散性水源，其通过向河道渗漏，为河道提供基流，为季节性河道维持永久性或半永久性的水流。然而，就供水量而言，位置分散的泉眼已不再是主要的地下水来源，尽管它们仍然是一些偏远干旱地区的重要水源。在发达经济体中，人工挖井已经较为少见。即使对于含水层较薄的浅层地下水，也已经使用机械挖井代替人工挖井，并安放渗水导管。只有在地下水埋藏深度较浅、钻井设备不易获取、劳动力成本相对低廉的地区，人工挖井仍然存在。

2.2　地下水对经济社会发展的意义

　　在世界各地，地下水在经济社会发展中发挥着重要作用。自1974年以来，地下水的使用量大幅增加，目前已占全部用水量的25%。地下水为不断增长的人口提供饮用水和生活用水，为不断扩大的农业提供灌溉用水，也为诸多工业提供生产用水。

　　据估算，全球每年的地下水总开采量为6500亿～7340亿 m^3。研究发现，要准确估算全球地下水的使用量存在一些困难，因为很多国家关于地下水的水井位置和数量信息都非常少。在这种情况下，只能通过地下水灌溉的作物面积等方法来间接推算地下水的开采利用数据。表2.2-1列出了地下水利用量较大的一些国家的地下水使用情况。

表2.2-1　　　　　　　　各国使用地下水的情况

国家	地下水开采利用总量/(亿 m^3/a)	用于灌溉的地下水比例/%	用于生活用水的地下水比例/%	用于工业的地下水比例/%
印度	2510	89	9	2
中国	1120	54	20	26
美国	1120	71	23	6
巴基斯坦	650	94	6	0

国家	地下水开采利用总量/(亿 m^3/a)	用于灌溉的地下水比例/%	用于生活用水的地下水比例/%	用于工业的地下水比例/%
伊朗	630	87	11	2
孟加拉国	600	86	13	1
墨西哥	290	72	22	6
沙特阿拉伯	240	92	5	3
印度尼西亚	150	2	93	5
土耳其	130	60	32	8
俄罗斯	120	3	79	18
叙利亚	110	90	5	5
日本	110	23	29	48
泰国	110	14	60	26
意大利	100	67	23	10

印度、中国、美国、巴基斯坦和伊朗是全球地下水利用量排名前五的国家，其开采利用的地下水量约占全球地下水利用总量的 70%。在上述 5 个及其他很多国家，尽管从国家层面看，各国对地下水的利用都控制在本国可更新的地下水量范围内，但从含水层的角度而言，存在地下水过度利用和含水层枯竭等严重问题。

地下水的经济价值并不能得到很好体现，主要原因是地下水隐藏在地下，其开采点又分散在地表的不同地方。此外，与地表水不同的是，地下水的开发利用不需要建设大坝和渠道等大型基础设施。这些基础设施的存在很显眼，而且常常会因建造费用或收益等问题引发公众的关注和争论。正因如此，地下水的开发利用及其对社会的价值往往会被人们忽略。

与地表水相比，相同数量的地下水产生的经济价值更高，主要原因如下：

（1）与地表水相比，地下水是一种自我调节能力更强的水资源，受干旱的影响较小。

（2）与地表水相比，地下水的分布更为广泛，干旱地区亦有分布，而且在干旱地区，地下水通常是当地的唯一水源。因此，在有用水需求的地方，地下水更容易被获取。

（3）土地利用活动会产生污染，但地下水的上覆含水层可以保护地下水免受污染。

（4）开发利用地下水不需要建设配套的存储、输配水等基础设施，因此无须投入大额资金。

通过对西班牙地下水灌溉效益的调查发现，其经济价值是地表水灌溉的 5 倍。

评估地下水的经济价值

在评估地下水资源的经济价值时，需要考虑多方面的价值（图 2.2－1）。其中，包括开采利用地下水（作为饮用水和灌溉用水）产生的直接效益，维持地下水良好状态（例如为河道提供基流或补给湿地）带来的直接效益，以及地下水在干旱时期作为应急水源的价值等。此外，开展经济评估也要考虑开发利用以外的价值，例如与代际公平或文化和精神相关的价值。

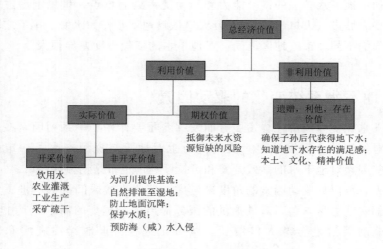

图 2.2－1　地下水的经济价值

澳大利亚每年大约利用 35 亿 m^3 的地下水，能够带来超过 40 亿澳元的直接经济附加值，涉及行业包括农业、采矿和制造业，以及城市和居民生活用水。形成的国内生产总值约为 67.7 亿澳元，见表 2.2－2。

表 2.2 - 2　　　　　澳大利亚地下水各行业用水量与其经济价值

用水行业	地下水用水量 /(10^6L)	直接增加值 /(10^6 澳元)	直接增值范围和中心估计/[澳元/(10^6L)]	对 GDP 的贡献 /(10^6 澳元)
农业-灌溉	2050634	410	30~500	820
农业-牲畜饮用水	—	393		818
采矿	410615	1129	500~5000	1637
城镇供水	303230	606	1000~3000	1146
居民生活	167638	419	1400~6400	—
制造业和其他行业	588726	1177	1000~3000	2355
总数	3520843	4134		6776

全球范围内，地下水提供了约 50%的饮用水供应。地下水是优质的饮用水水源，因为地下水对干旱的调节能力强，而且上覆含水层能够在一定程度上保护地下水免受污染。近几十年来，随着城镇化的快速推进，对安全可靠、水质良好的供水水源需求日益增加。由于地下水的开发利用快速便捷，加上地下水较强的调节能力和不易受污染的特点，世界上超过一半的新兴特大城市（人口超过 1000 万人）依赖地下水作为水源。国家之间和国家内部的不同城市或地区之间，对地下水的依赖程度差异很大。

2.3　地下水系统变化的驱动因素

地下水在支撑经济社会发展方面发挥着重要作用。一系列因素在提升地下水对经济社会发展重要意义的同时也对地下水资源产生了一定的影响，这些因素对地下水的高效开发和可持续利用也带来诸多挑战。

首先，可以从驱动因素的角度来考虑，那些直接或间接影响地下水系统的外部宏观力量，包括对其提供的服务提出越来越高的需求。其中，最显著的驱动因素是全球人口增长、城市化进程、土地集约利用和气候变化。

其次，还可以从这些驱动因素影响改变地下水系统的输入和输出这一角度加以考虑，包括地下水补排项的变化、污染负荷的增加、开采量的增加（对地下水依赖程度增加）等。

下面讨论在这些驱动因素的作用下地下水资源发生的变化，以及这些变化将如何影响地下水系统发挥其经济社会、生态和地质功能。

2.3.1　人口增长和城市化进程

全球人口快速增长的主要原因可归结为发展中国家医疗水平的提高和粮食产量的提高。从 1950 年起，全球人口数量增加了 2 倍，目前已达到 70 亿人，这种人口上升的趋势预计会持续到 21 世纪末。与人口增长密切相关的是，到 2050 年，用水需求将比 2021 年增加 55%。

人口快速增长的同时，全球范围内的城市化进程也在不断推进。2018 年，全球约 55% 的人口生活在城市地区，而 1950 年仅为 30%，预计到 2050 年这一比例将攀升至 68%。农业生产正变得越来越机械化，大量劳动力正从农村地区向城市中心转移，以支持新兴制造业和城市现代化所需的一系列服务。

人口增长和城市化进程共同推动了地下水的开发利用。地下水对干旱具有一定的调节能力，在一定程度上能够免受污染，为不断发展的城市地区提供水源。地下水可以随着城市中心的不断扩张而被快速和逐步开发利用，而其过度开发利用所产生的相关问题可能很多年内都不会显现。如前所述，世界上超过一半的特大城市（人口超过 1000 万人）都依赖于地下水，因此城市化不仅意味着地下水使用量普遍增加，而且需水地区的地理位置也发生了变化。

不断增长的粮食需求以及饮食习惯的改变影响了粮食消费类型，也导致灌溉用水的增加，给地下水资源带来了压力。气候变化导致降水和地表水供应具有较大的不稳定性，而地下水具有较强的调节能力，因此人们越来越热衷于使用地下水进行灌溉。图 2.3-1 表明用于农业灌溉的地下水量急剧增加，尤其在发展中国家。自 1964 年以来，印度的地下水开采量增加了 10 倍，成为全球最大的地下水用水户。

2.3.2　土地集约利用

伴随着人口增长和城市化进程，全球的土地利用持续集约化，包括开垦荒地用于农业种植、增用灌溉措施、扩大工业以支撑城市发展等。这些变化将会对地下水供给以及地下水系统本身产生影响。

砍伐森林的主要目的是农业种植和草原放牧。研究表明，在世界主要流域中，已经有近一半的流域，其 40% 以上的原始树木被砍伐。砍伐森林会扰乱水平衡，森林被砍伐后，可能会增加地下水补给，但补给增加对经济社会和环境的影响既可能是正面的，也可能是负面的，2.4 节将详细讨

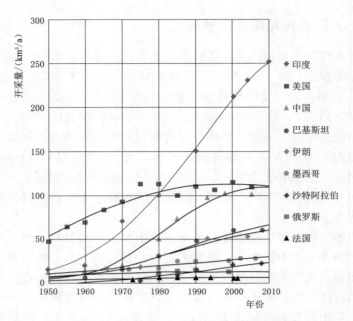

图 2.3-1　地下水开采密集国家的地下水开采趋势图

论这一问题。

　　灌溉农业大幅增加，尤以发展中国家的增长幅度最为突出，在 20 世纪的最后 40 年中，发展中国家的灌溉面积翻了一番以上，达到 2.34 亿 hm²。灌溉面积的增加是因为不断扩大的城市地区对粮食需求的增加。曾经农村的粮食生产主要是自给自足，而新兴城市中心依赖外部的粮食生产，通过外运方式获得大量粮食。在城市中心不断增长的粮食需求的同时，水井钻探技术不断发展，使得人们能够快速高效地获取深层地下水资源。因此，为支撑城市中心的发展，以地下水作为水源的大型高效灌溉农业不断发展，进而促使地下水开采量增加，同时也可能导致局部地区地下水补给量增加。

　　开采量过大会扰乱地下水平衡，对地下水的可持续开发利用构成风险。森林砍伐和灌溉农业的扩张也会扰乱地下水平衡。与此同时，农村地区使用化肥和农药、非农业地区发展工业等土地集约利用方式均会增加地下水水质退化的风险。

　　地下水的开采通常是为了满足人们的用水需求而有意为之。然而，有时抽取地下水则是为了能够进行其他土地利用活动。例如，在地势较低的地区修建建筑物的地基，需要通过抽水降低地下水水位，深度足以达到地下水水位的露天矿场的矿坑，在停止开采后将会变成永久的地下水蒸发区。

在不断扩张的城市地区，道路、建筑物和其他硬化路面的修建改变了降水、径流和地下水补给模式。不断发展的城市周边地区的大规模工业，其生产过程中可能会引入化学物质，如果管理不当，这些化学物质可能会污染地下水系统。

2.3.3　气候变化

预计气候变化将导致地下水及其利用方式发生变化。全球变暖会导致总体降水量增加，但增加量在全球各地的分布并不均匀。高纬度和低纬度地区的降水量可能会增加得较多，而其他地区的降水量可能会更少。降水的周期性特征更加明显，极端暴雨事件增多，干旱期也会更长。

补给的变化取决于平均降水量和降水强度的变化。然而，降水量增多并不一定会带来地下水补给量的增加。在地势较高的地区，如果降水较为集中，大部分降水会变成地表径流，而不会下渗变成土壤水继而补给地下水。而在土壤储水量较大的地区，强度较高的降水事件可能会更频繁地填充土壤储水量，从而使大部分降水通过土壤补给地下水。

因此，地下水补给情况在很大程度上取决于不同含水层系统的补给特征及降雨模式的变化。然而，据估计，到 21 世纪下半叶，全球将有 30% 的人口受到地下水补给增加 10% 以上的影响，而有 19% 的人口受到地下水补给减少 10% 以上的影响。

从中期来看，冰川退缩及其引起的径流变化，会使很多流域的径流量暂时增加，但最终径流量是趋于减少的。

与气候变化相关的海平面上升将导致海水和沿海含水层之间的咸淡水分界线进一步向内陆迁移。在因气候变化而增加补给的地区，这一趋势往往会被通过含水层流向海洋的地下水所平衡。

除水文循环变化对地下水系统产生一系列影响外，气候变化还将改变人们对地下水的需求。地表水容易受极端事件的影响，此时地下水可调节性大、稳定性好的优势便使其更加有价值。对于地表水供水不稳定的地区而言，地下水稳定的特点意义更加重大，据估计地下水的价值能提升达 50% 之多。因此，除人口增长造成的正常用水需求增加外，气候变化也使得地下水成为更受青睐的水源。

不同的地下水利用方式及其对地下水管理的启示

Shah 指出四种地下水社会生态系统：干旱农业系统、工业农业系统、小农密集型农业系统和地下水支持的粗放农牧业系统。上述分类是基于不同的水文气候特点、人口特征、土地使用类型、农业组织方式以及灌溉农业和雨养农业的相对重要性做出的。四种系统均面临地下水用水需求和用水量增多的挑战，但其形成挑战的驱动因素和挑战带来的经济社会影响均不相同。正确理解这些差异对于确保适时调整管理措施非常重要。

在干旱程度较高的地区，水资源短缺通常是利用地下水进行农业灌溉的重要驱动因素。在这种情况下，地下水通常被认为是一种不可更新资源，因此平衡现状用水需求和未来用水需求，以及灌溉用水需求和城市用水需求就显得尤为重要。与此不同，在南亚和中国的部分地区，分散农户利用地下水发展集约农业，其地下水灌溉增加的原因是人口增长，而人口增长又导致分散农户为了维持生计又加紧对土地集约利用。

人口增长和城市化进程、土地集约利用、气候变化等驱动因素正在对地下水系统施加越来越大的压力，将会使地下水系统发生改变（在有的地方这种改变已经发生），主要包括以下几点：

（1）地下水开采量的增加。地下水是一种气候调节能力强的水资源，人们对地下水的依赖程度会不断上升。

（2）地下水补给量的变化。这种变化既有可能是补给量减少（例如由地形变化或气候变化引起的），也可能是补给量增加（除地形变化和气候变化原因外，灌溉也可能增加地下水补给）。

（3）城市化和土地集约利用带来的污染负荷增加。

人口增长和城市化进程、土地集约利用、气候变化等驱动因素，以及这些因素带来的压力对地下水系统可持续性及其继续满足人类生活、社会发展和生态系统用水需求的能力构成了威胁。在世界上很多地方，这些变化对地下水系统的影响已经显现。

2.4　地下水系统变化对可持续性的影响

本节将讨论地下水系统的两大主要变化。变化之一与 2.3 节讨论的驱动因素有关，即水平衡组成部分的变化（特别是引起含水层枯竭的变化）；变化之二与污染和水质恶化有关。

2.4.1　地下水补给和排泄的变化

天然情况下，地下水系统处于水平衡状态。尽管地下水存在季节性和年际变化，但从长期来看，天然补给和天然排泄总体是趋于平衡的（图1.2-2）。在一些地下水系统中，天然补给量和排泄量都很大，但在另外的地下水系统中，补给量和排泄量都很小，含水层中储存的地下水实际上就是一种化石资源。对所有地下水系统来说，当地下水开采量（利用量）增加时，系统内的其他补给和排泄部分必须要随之作出调整，以重建新的平衡。否则，含水层中储存的水量就会不断被消耗。在世界很多地方，这些变化已经造成了地下水储水量的枯竭。此外，地下水补给和排泄的变化还会导致地下水水位的变化。

1. 地下水枯竭

开采地下水时，水首先从含水层中流出，紧接着含水层中的地下水水位开始下降。地下水水位的下降会引起地下水各组成部分的变化。在某些情况下，地下水水位的降低会导致补给量的增加。例如，浅层含水层在雨季通常会被填满，多余的降雨会形成地表径流流入海洋。地下水水位降低后，含水层中会有更多空间承接雨季的降雨。这种情况下，地下水水位在不同季节的波动会变大，但总体而言水位是维持稳定的。

更为常见的情况是，开采地下水引起的地下水水位降低会导致天然排泄量的减少。随着地下水水位的降低，从地下水含水层中流出为河道和湿地提供基流的天然排泄会趋于减少。这种变化会影响地下水系统提供生态服务的能力，也会对地表水文产生影响。如果天然排泄减少或消失量与地下水的开采量保持平衡，地下水水位也能够维持稳定。

当地下水开采量大于天然补给量或排泄量时，那么地下水水位下降引起的天然排泄减少或消失的水量，难以与开采量保持平衡。因此，地下水水位会持续下降，这就是含水层枯竭。如果含水层很厚，含水层中储存的水量很大，人们很难察觉到含水层的枯竭过程，直至水位下降过多，导致开采利用面临困难。对于天然排泄量较小的地下水系统而言，排泄量的损失也很难引起注意。

最极端的情况是，如果地下水天然补给量和排泄量都很小，那么地下水实际上就是一种化石资源。所有开采利用的地下水都来自地下水储存量，就算开采利用活动停止，在较短的地质时期，这部分水量也无法得到更新。

地下水储量持续枯竭是全球面临的一个主要问题。在印度、美国和中国等世界上主要的地下水利用国家中，地下水水位已经出现了大幅下降（专栏 2.4-1）。在美国主要的含水层中，地下水水位下降 120m 的情况很常见。由于地下水是隐藏在地下的资源，倘若无法获取更多含水层的相关信息，就很难准确估算全球含水层枯竭的程度。但是，近期的一项研究表明，随着时间的推移，全球主要地下水区域含水层枯竭的趋势将越来越明显（图 2.4-1）。据估计，全球约 1/3 的地下水开采量是以含水层储水量的枯竭为代价的。

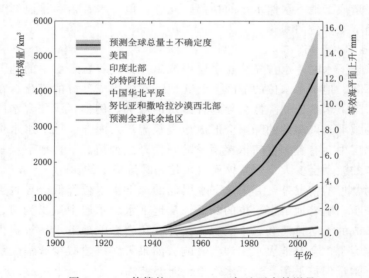

图 2.4-1　估算的 1900—2008 年地下水枯竭量

有关含水层枯竭对海平面上升贡献的预测，为理解这一问题的严重性提供了另一个视角。为满足人类消耗需求而从含水层中流出的地下水，会参与到更大尺度的水循环中，转移到其他地方。用于农业灌溉的，会变成蒸发最终回到大海；用于城市社区和工业的，会变成废污水，最终流向大海。据计算，自1900年起，含水层中的地下水向海洋的质量转移，使得海平面上升了12.6mm，占海平面总上升高度的6%~7%（图2.4-1）。通过在地表建设水库，可以在一定程度上对这种质量转移进行反向平衡，但是可以从另一视角深入理解这一问题。

尽管不断增加的开采利用量是含水层枯竭的主要原因，但从局部角度看，土地利用变化引起的补给量减少，也会导致含水层枯竭。例如，如果栽种经济林，以取代根系较浅、需水量较小的植物，那么流经土壤含水层的降水会减少，导致地下水补给量也会随之减少。在城市地区，大量修建硬化路面和排水管道将降雨快速转移到雨水排出口，这也减少了地下水得到补给的机会。

专栏 2.4-1

案例一：马哈拉施特拉邦含水层枯竭

位于印度西部的德干玄武岩含水层系统占据了马哈拉施特拉邦的大部分面积，包括极易遭受旱灾的中部地区。该含水层系统是由风化硬岩组成，构造复杂，储水量小，其在为当地特别是农村地区提供基本卫生用水和生活用水需求方面发挥了重要的作用。但是，风化硬岩组成的含水层中可利用的储水量非常有限。与此同时，当地政府通过能源补贴的方式，支持用水泵从地下取水用于干旱季节的作物灌溉，从而造成了大量无序的钻井取水，导致地下水资源不断枯竭。供家庭自用和农业灌溉的人工井在旱季来临之前便已干枯，供经济作物灌溉所用的水井，需要往更深的地下钻孔取水（通常已无法在更深处获取水资源），从而导致农作物产量不断下降。卫生设备不足（动物和人类的粪便污染）和农业面源污染使得地下水中的氮含量不断升高，水质恶化进一步加剧了水量减少的问题。

过度开采利用地下水的不良后果包括：不断加深的打井深度带来的成本上升、能源消耗的增加（给国家电力公司带来财务问题）、可用电力的减少和可用于干旱季节作物灌溉水量的减少（后果就是农作物产量减少）以及饮用水供给的问题。这些问题对人类心理的影响是巨大的，地下水枯竭和农民自杀等经济社会问题存在一定的关联。

案例二：奥加拉拉含水层枯竭

位于美国中部高地平原"粮仓"地区的奥加拉拉含水层，灌溉了世界上 1/6 的粮食作物。从非承压含水层中抽取水量的 94% 灌溉了 8 个州 1400 万英亩❶的农田，约占全国灌溉总量的 30%。自 20 世纪 50 年代起，大功率泵站和枢纽灌溉系统的出现，促进了小麦和玉米等谷类作物的大规模种植，因此地下水取水量也大大超过了补给量。几十年来，当地对地下水开采的监管非常有限，导致地下水水位大幅下降，一些地区出现了地下水资源枯竭的情况，政府试图对水相关的冲突进行管理，从而尽可能延长含水层枯竭的时间进程，但其并未尝试在该地区重新建立可持续的水平衡。

多年来，地下水水位下降明显（高达 100 英尺❷），加上用水户自己主导的减少取水活动宣告失败，迫使水资源管理者开始考虑从距离较远的地表水体中调水，以增加当地供水量，但这种方式花费成本较高。在整个区域范围内，奥加拉拉含水层饱和带的厚度和含水层的使用寿命存在较大差异，但好几个县宣布本区域内的含水层已经枯竭，预测表明使用寿命不超过 25 年。高地平原的含水层完全枯竭可能产生的影响包括：农村社区及其生产生活的崩溃、商品市场和全球供应链的剧烈震荡。地下水水位下降还可能加剧以下问题：增加供水措施导致成本上升、抽取深层地下水增加能源使用、"先到先得"用水许可制度引发的不断升级用水冲突。

案例三：美国堪萨斯州和内布拉斯加州含水层枯竭

由于高地平原地区经常性缺水，堪萨斯州和内布拉斯加州都拥有严格控制地下水使用的立法权。但是，堪萨斯州选择不行使这种权力，而是重新建构了一套管理方法，即在自愿的基础上，将地下水可持续管理的职责交到农民手中。

堪萨斯州采取的方法依赖于灌溉者小组的协作，在此基础上制定出适合他们需求的解决方案。堪萨斯州立法机关采纳了该州的水法条款，鼓励农民和灌溉者自愿创建地方强化管理区，在管理区内他们可以制定和实施自己的地下水保护计划，但须经州政府批准，一旦获得批准，计划就具有法律约束力。其中，已有一个小组达成一致，在 99 平方英里的保护区内，通过 5 年时间要将地下水开采量减少 20%。结果，他们成功实现了这一目标，并且利润没有任何下降。这是迄今为止堪萨斯州唯一提交保护计划的小组，该小组成员表示，要实现地下水开采量减少这一目标，思维方式和

---

❶　1 英亩=4046.86m²。
❷　1 英尺=0.3048m。

理念需要进行重大转变。

内布拉斯加州的做法与堪萨斯州形成鲜明对比，内布拉斯加州减少使用含水层地下水的要求是强制性的。内布拉斯加州依据《内布拉斯加州地下水管理和保护法》，积极通过行使法定权力来减少地下水的使用。法律允许该州的总工程师指定地下水使用控制区，在控制区内可以减少分配给农民的水量、停止接受新的水权申请等。法律还允许该州实施诸如轮换用水许可等计划，以大幅减少地下水的使用。过去几十年内，总工程师已经多次行使过这一权力，同时允许农民拥有一定的控制权，实施他们自己制定的减少从含水层取用水的计划。

堪萨斯州的方法在促使农民采用创新方法解决问题方面具有较大潜力，在不影响农民生存底线的情况下能够实现"水尽其用"的效果。但是，内布拉斯加州严格依照法律的方法，被证明非常有效，同时具备推广的可能。然而，尽管尝试了各种努力，但位于两州的奥加拉拉含水层仍然处于继续枯竭的趋势中。

2. 土地利用方式改变带来的地下水水位上升

不断增加的地下水开采扰乱了水平衡，导致含水层储水量枯竭。同时，土地集约利用也会以不同方式扰乱水平衡。为支持放牧，人们砍伐天然林以形成草原，这种行为会增加地下水补给。这是因为树木的根系通常比草根更深，与草地相比森林会更多地利用深层土壤含水层。用草代替树木，会导致流经土壤持水层的降水增加，从而产生更多的地下水补给。

如果补给进入可利用的含水层，这种干扰可能会增加可利用的地下水量。但是，如果下部岩石的透水性较低，增加的补给量无法流动到开采利用区域或是天然排泄区，则地下水水位将会上升。由于盐分沉积在非饱和层中，当地下水水位上升时，会带动盐分向上移动到地表，地表水分蒸发后，盐分就沉淀在土壤里，从而造成土壤盐碱化，这会对地表植被产生重大的不利影响（专栏2.4-2）。在城市地区，地下水水位上升也会产生不利影响，较高的地下水水位会淹没地下基础设施（例如地铁系统）或影响现有建筑的地基。

引水灌溉会增加区域的地下水补给量，从而扰乱水平衡。灌溉必然会使得一部分水流经土壤持水层，变成地下水补给。但是，如果提供给灌溉者的灌溉用水十分充足，那么灌溉效率可能会比较低，低效灌溉会增加地下水补给。如果位于土地下方的含水层透水性不够，灌溉水无法流入到可利用的含水层，或者补给水量无法流向其他区域，则地下水水位会上升，土壤可能会出现积水情况（专栏 8.2-1）。相反，如果位于其下方的含水层是一个可利用的含水层，增加的补给量可以通过增加开采量的方式加以平衡。但是，未来灌溉效率提高后，地下水补给就会减少，直至接近自然补给条件，从而再次暴露出过度取水的问题。

专栏 2.4-2

科罗拉多河流域的盐碱化问题

科罗拉多河是美国西部的生命河，发源于落基山脉，流经美国 7 个州后，进入墨西哥境内，最终流入加利福尼亚海湾。科罗拉多河支撑了美国西部干旱地区多个大都市的发展（拉斯维加斯、凤凰城、洛杉矶和圣地亚哥都依赖科罗拉多河发展），提供了大量电力，通过发展娱乐事业创造了数百万美元的经济效益，为全国 13％～15％ 的农作物生产和牲畜养殖提供了水源。美国和墨西哥签订了国际条约，确保有水流入墨西哥，为墨西卡利峡谷中的农田提供灌溉用水，并为墨西卡利、特卡特和蒂华纳等城市供水。

为了满足西南干旱地区日益增长的用水需求，科罗拉多河面临着巨大压力，这也意味着科罗拉多河很少能有水流到下游的三角洲。在讨论与水相关的问题时，该地区"荒凉"和"缺水"的表述通常占据头条，但最为严重的水质问题往往被人忽略或得不到公众的理解。然而，影响较大的盐碱化问题是个例外。在科罗拉多河上密集建坝之前，人类活动（主要是农业活动）已经使得流域内的盐分含量增加了一倍多。日益严重的盐碱化使土壤盐分含量不断增加，对农业的长期生产能力产生了破坏性后果，还可能会导致水生生态系统的崩溃，以及增加城市饮用水供应的处理成本。更严重的是，盐度与水量也密切相关，生态流量减少使得河流系统中的盐分浓度增大。对盐度问题置之不理的后果非常严重，因此美国和墨西哥两国在与水相关的协定中增加了相应条款，要求必须将科罗拉多河中的盐分浓度控制在某个数值以下。

科罗拉多河流域的地质构造属于海洋沉积岩。因此，人们认为科罗拉多河中不到一半的盐负荷是自然形成的。当这些沉积岩被侵蚀时，藏在岩石中的盐就会释放出来。地下水流经风化沉积岩形成的含盐土壤，便会成为河流系统中盐分总负荷的重要自然来源。土壤剖面中大量盐分的存在，增加了土地利用方式改变而导致的盐负荷增大的风险。

人为活动也会产生盐分。在科罗拉多河，农业贡献了大部分人为来源的盐。据估计，农业使科罗拉多河系统中的含盐量增加了一倍以上。流域内90%以上的农田和牧场得到灌溉，60%以上的灌溉土地用来种植牧草或放牧。清除根系较深的原生植物，对农田和牧场进行灌溉，会导致土壤剖面盐分浓度增加，致使大片农田盐度过高，无法使用。当灌溉水分蒸发后，会把盐分留在土壤中。同时，灌溉水量增加，会带来地下水水位的上升，而在缺乏深根作物的情况下，溶解在土壤中的盐分会在毛细作用下上升到地表。

降低农业用地盐度的措施包括：停止在排水不畅和盐分含量高的土地上进行农业种植、提高用水效率以防地下水水位上升、对输水渠道进行衬砌。近年来，通过采取以上措施，科罗拉多河的盐分含量显著降低，但仍然超出了美国垦务局设定的目标。上述减盐方面的实践措施仍然存在问题。那些建有排水系统的农场，仍然会导致地下水盐分含量增加，而这些地下水最终会流入下游的生态系统中。灌溉效率的提高能够减少取用水量，限制含盐量高的径流回到河道中。2010年，美国和墨西哥边境处美国侧的所有渠道都进行了衬砌，此举预计会使流入墨西哥墨西卡利峡谷的地下水补给量减少超过80%，这将严重影响该峡谷地区的农业生产，可能会加剧美国和墨西哥之间的冲突。

2.4.2 含水层污染

虽然土壤层提供的屏障和地下水流动缓慢的特征，在一定程度上可以保护地下水少受污染，但也正是由于地下水流动缓慢，这就意味着含水层中的化学污染发展得较为缓慢，而且不易被人察觉。肥料和动物粪便中的营养物质中的化学成分通过土壤剖面渗出，在地下水中慢慢累积，这种风险随着农业生产的集约化而不断增加。同样，泄漏的化学物品也会进入地下水，在被发觉之前，通常已经沿着地下水流动路径传播了较远的距离。当地下储罐泄漏时，更加难以察觉。污染物与水的密度差异，也会影响污染物在含水层中的流动（图2.4-2）。

土地利用活动会带来点源污染和面源污染，随着土地利用方式的愈加集约、城市化和工业化进程的加快，两类污染活动都越来越严重。

点源污染是固定污染源向地下水系统释放的化学物质污染。这些化学物质存在于地下水中，对人类和生态系统都有危害。其中，病原体污染物

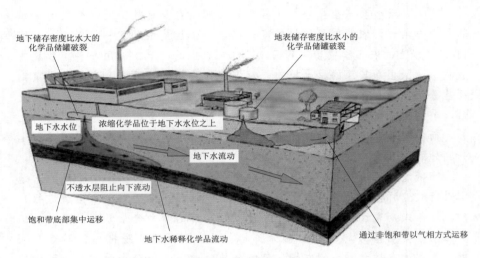

地下储存密度比水大的
化学品储罐破裂

地表储存密度比水小的
化学品储罐破裂

地下水水位

浓缩化学品位于地下水水位之上

地下水流动

不透水层阻止向下流动

饱和带底部集中运移

地下水稀释化学品流动

通过非饱和带以气相方式运移

图 2.4 - 2　不同密度化学污染物的流动路径

对人类健康非常有害，但这些污染物穿过非饱和带时往往会腐烂，并且在含水层中长距离移动时活力会减弱。但是，当地下水水位接近地表时，病原体污染物的致病风险会增加。最大的病原体污染物风险在于离供水口很近又设计不当的化粪池。与病原体污染物不同的是，化学污染物可以长期存在于地下水中，而且会沿着地下水流动路径缓慢地移动较长距离，逐渐扩散至越来越大的范围。工业场地、危险废物场地和垃圾填埋场的工业储罐泄漏，会向地下水系统释放挥发性有机碳氢化合物等致癌化学物质。土地的集约化利用增加了上述污染风险。

　　面源污染是指没有固定的污染来源点，而是在较大面积上产生的污染。农业生产会使用化肥和杀虫剂，其含有的营养物质和化学物质会沿着地下水补给路径渗入到地下水系统中。然而，由于地下水中本来就含有大量的营养物质（比如氮），因此化肥中的氮进入后，地下水中的氮含量会缓慢稳定地增加，而不会突然出现明显的改变。氮污染已经成为影响人类健康的主要风险，如图 2.4 - 3 所示。

　　地下水枯竭也会导致水质恶化。当地下水水位下降后，其他地区含盐量较高的地下水也可能会缓慢流入到该含水层。同时，地下水水位下降会导致该含水层的上部水排空，从而发生氧化反应。如果含水层的地层中富含硫酸盐，则在还原条件下形成的泥炭，遇到氧化反应就会形成硫酸。酸性物质会和含水层中的其他矿物质再次发生反应，释放出砷等微量元素。

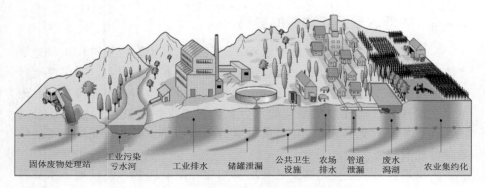

固体废物处理站　工业污染　　工业排水　　储罐泄漏　公共卫生　农场　管道　废水　农业集约化
　　　　　　　　亏水河　　　　　　　　　　　　　　　设施　排水　泄漏　潟湖

图 2.4 - 3　土地利用活动会引起地下水污染威胁

这些微量元素是危害人类健康的主要因素。

消防泡沫对地下水的污染

　　澳大利亚多处地下水含水层受到消防泡沫中潜在有毒化学物质的影响,这些消防泡沫来自国防部门运营的航空基地。1970—2004 年,一种被称为全氟和多氟烷基(PFAS)的化学物品被用于全国各地国防基地的消防泡沫中。在奥基镇,泡沫的使用导致这些化学物品进入基地和附近房屋下面的地下水中,影响范围约为 24 万 km^2。

　　2016 年年初,参议院对消防泡沫的使用进行了调查,发现 42 个取水口中的污染物水平高于澳大利亚的饮用水标准。调查还发现,居民们感到非常担忧,因为他们血液中有种化学物质(与消防泡沫有关)的含量有所升高,同时污染问题还导致他们的资产突然贬值,给他们的家庭造成了压力。

　　与地下水污染有关的多项法律行动正在进行中。图文巴地区委员会已经起诉澳大利亚政府,声称其在管理该问题时存在疏忽。该委员会声称,污染使其资产贬值,包括水井、污水处理厂和取水许可证等。据估计,由于该委员会将花费至少 300 万美元来确保奥基镇的供水。450 多名在污染区域拥有财产的个人,因为污染导致其住宅、农业和商业用地的价值下降,他们因此遭受了经济损失,将通过单独的或集体的诉讼来寻求补偿。

2.4.3 对含水层系统功能的影响

正如第 1 章所讨论的，地下水在更大的水循环中起着关键作用。地下水接受一部分降水作为补给，将这部分水量储存在含水层中，并缓慢地排泄至河道中作为基流。它有均化降雨和径流事件的作用。在此过程中，地下水还发挥着其他许多重要功能：为人类需求提供水资源的经济社会功能、为地下水相关生态系统提供水资源的生态功能、有助于支撑上覆地层重量的地质功能。

人口增长、气候变化和土地利用集约化等驱动因素，使得地下水资源的状况发生变化，同时也影响了地下水系统继续发挥其相应功能的能力，如图 2.4-4 所示。

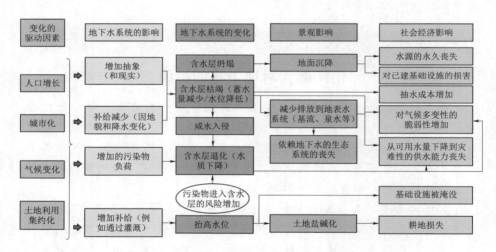

图 2.4-4 地下水枯竭和退化驱动因素及产生的影响

2.4.4 经济社会影响

在很多地区，人们高度依赖于地下水水源，地下水枯竭和污染会不断对经济和社会产生影响。

深层含水层中储存的水量很大。但是，含水层枯竭造成地下水水位下降，使得抽取地下水越发困难。从浅层地下水中取水的水井，能够抽取到的水量越来越少，最终这些水井将失去作用。为抽取更深层的地下水，所花费的电力成本会增大。如果调水以取代地下水水源或进行人工回补，也会产生相应的工程和能源成本。要想从日益枯竭的含水层中取水进行灌溉，或用作其他用途，上述因素可能都会不断提高取水成本，并且应建立在有替代水源的条件之上，如果没有替代水源，负面影响将会加剧。居民以及相应的工农业都需要对用水进行调整，以适应供水量减少的情况。

水质恶化也会对经济和社会产生影响。使用化肥和杀虫剂会造成面源污染，这些污染物下渗到地下水中，使得地下水不再适合消耗性用途。如果地下水水位下降，周围的含盐地下水会逐渐流入含水层中，慢慢地提升含水层的盐度。虽然通过反渗透或离子交换等过程，可以对地下水进行处理以提高水质，但是这些水处理方式需要的电力成本非常高，仅仅适用于饮用水等价值较高的用途。上述过程造成的水质恶化很可能是逐渐发生的。农作物灌溉等重要用途对水质要求较高，符合水质要求的水资源将会越来越少。利用水质较差的水进行灌溉会使得农业减产，变相提高了粮食生产成本。

电力成本增加和使用含盐量高的水进行灌溉，会使得粮食生产的成本增加。一旦出现这种情况，贫困人口受到的影响将会更大。现代钻探技术的出现，使得大幅扩大粮食种植规模变得可行，从而可以为贫困人口提供更多的粮食。亚洲一项关于农业生产的研究阐述了这一情况。该研究表明，在 20 世纪 60 年代灌溉面积没有增加之前，亚洲处于贫困线以下的人口在谷物上的消费占其收入的 60%。灌溉面积大幅度增加后，谷物价格降至不到以前的一半。该研究总结认为，灌溉农业是亚洲贫困人口减少的重要原因。但令人担忧的是，用水成本的增加带来了粮食生产成本的增加，可能会阻碍脱贫进程。

如果说社会经济影响是逐渐显现的，那么经济体就会有时间进行调整，但实际情况却并非如此。工业密集区发生的化学物品泄漏，可能会突然到达某一个取水点。在过度开采的沿海地下水系统中，海水入侵的过程相对缓慢，但不断前移的海水界面可能会突然到达某个水井所在的位置。即使对水资源的物理影响是渐进的，但产生的经济影响可能是突然的。例如，用水户联合使用地下水和其他水源，旨在发挥地下水的调节作用以对干旱期的用水进行管理，但这些用户发现，地下水可利用量的减少，将使干旱对未来经济活动产生更大的影响。

社会经济影响和调整措施的核心是水、能源和粮食安全之间的关系。能源使得取水、调水和脱盐成为可能，这样就可为保障粮食安全提供足够的水资源。然而，如果能源生产有经济成本，则会体现在粮食生产的成本上，这也会对粮食生产造成影响（见专栏 2.4-4）。

专栏 2.4-4

中国河北省的地下水枯竭

　　地下水作为重要的水资源，支撑了中国经济社会的快速发展。从 20 世纪 70 年代起，中国尤其是北方地区，开始大量抽取地下水，用于农业灌溉、工业发展和城市扩张。结果，很多地方出现了地下水超采而引发的严重问题。

　　在全国 31 个省份中，其中 21 个都存在地下水超采问题，而河北是问题最严重的省份之一。河北 75% 的供水都来自地下水。2014 年，财政部、水利部、国土资源部和农业部等 4 部委联合发起了河北省地下水超采治理试点项目。到 2016 年，中国政府在该项目上的投资超过 35 亿美元，并初步取得了一定的成效。

　　河北省水资源短缺问题突出，年平均降水量仅有 532mm，区域内水资源总量为 205 亿 m^3/a，人均水资源量仅为 307m^3，远低于国际上公认的人均 500m^3 的极度缺水标准。其供水总量中的 70% 用于农业。河北省是中国主要的产粮省份之一，总灌溉面积约为 447 万 hm^2，其中 63% 为地下水灌溉，18% 为地表水和地下水联合灌溉，19% 为地表水灌溉。

　　根据水利部开展的地下水超采区评价成果，河北省平原区的地下水超采面积超过 67000km^2，占整个平原区面积的 90%。在实施地下水超采治理试点项目之前，河北省的年均地下水超采量约为 60 亿 m^3，其中 30 亿 m^3 来自难以得到补给的深层承压水。

　　地下水超采带来了一系列生态和地质环境问题，包括含水层枯竭、地面沉降及相应的地裂缝和海（咸）水入侵等问题。20 世纪 60 年代初期，河北省大多数地区的地下水水位在地面以下 3～5m。由于长时间的过度开采，山前平原区的地下水水位已经下降了 30～40m。地下水资源由多个含水层组成，目前地下水水位已经低于第一含水层的底部，第一含水层实际上已经枯竭，这就导致现有的水井不能出水，需要打更深的井来取水。基础设施建设费用和后期能源投入费用的增加，导致农业生产的成本不断上升。

2.4.5　生态影响

　　含水层枯竭和水质恶化影响了地下水水流系统发挥其自然生态功能的

能力。地下水水位下降时，地下水流向自然排泄区的流动量变少，泉眼出水量减少，湿地枯竭，流入河道中的基流减少，常流河变成季节性河流。依赖于自然排泄水量的地下水相关生态系统和直接接受地下水补给的陆地生态系统，也会受到影响。

干旱地区的泉水流量与地下水水位的相关性是显而易见的。在那些完全依赖于地下水水位维持泉水流量的孤立环境中，发展出了特有的生物群落。如果地下水水位下降，泉眼就会停止出流，生态系统就会受到损失。澳大利亚大自流盆地的泉水就是例证，中生代沉积物中约有 600 个泉水和泉水群，为许多地方性物种提供了栖息地（专栏 1.4-1）。从自流泉中无序取水，导致地下水过度开发利用，造成地下水水位下降超过了 100m。相关研究表明，利用历史和地貌指标确定出 26% 的泉眼已经没有了生命力。尽管政府实施了保护计划，有效扭转了大自流盆地自流水变少的情况，但对于这些已经无法发挥作用的泉眼来说，其中的生物群落已然无法恢复。

河道基流减少时，水生生态系统容易受到复杂且广泛的影响。所受影响的复杂性，源于地下水在大的水循环中的重要功能。也就是说，地下水吸收了一部分降雨径流，将其储存在含水层中，再将其缓慢排泄到河道中作为基流，通过这种方式对流量进行天然调节，使得河道中流量的时间分布更加均匀。在这种天然的调节作用下，水生生态系统不断演化，与可利用的水资源量保持协调。因此，当地下水水位下降和河道基流减少时，所有处于季节性河道上游的生态系统都会受到一定程度的影响。尽管特定生态系统对地下水的依赖可分为持续性的、季节性的和偶然性的等多种不同情况，但对生态系统总体而言其影响是广泛的。

在处理地下水资源衰减对相关生态系统的影响时，面临的一个难题是，只有当地下水水位下降到足以导致河道基流明显减少时，生态系统对地下水的依赖才会比较显著。由于地下水流动缓慢，在认识到这种依赖和影响之前，过度开采造成的地下水枯竭问题可能已经发生了（专栏 2.4-5）。

专栏 2.4-5

约旦阿兹拉克绿洲的破坏

约旦的阿兹拉克湿地保护区的保护对象是东部沙漠中心的一片绿洲，这里曾被认为是中东最引人注目的奇观之一。60 年前，300 多种生物在阿兹拉克绿洲繁衍生息，或是将绿洲作为迁徙过程中的栖息地。这片绿洲支撑了贝都因人传统的游牧生活方式，也被考古学家研究证明是早期人类走出非洲进行移民的重要地点。长期以来，阿兹拉克流域的地下水含水层一直为阿兹拉克的地表水提供补给，并为处于极端干旱环境深处的多种生物提供避难所。

一直以来，阿兹拉克的水域吸引着约旦人和国际游客。但是，在阿兹拉克流域大量抽取地下水的行为，给该地区贴上了一个新的标签：环境灾难。作为一个地处干旱地区严重缺水的国家，约旦在供水水源方面没有太多的选择，主要依赖阿兹拉克流域的地下水来满足首都阿曼的快速发展和附近农场的用水需求。由此导致的地下水水位下降，使得阿兹拉克绿洲的荒漠化日益严重，土壤含盐量增加，丛林大火的发生频率和严重程度变大，由此产生的后果包括：湿地中动植物的多样性随之减少、无法继续支持当地居民传统的游牧生活方式，候鸟重要的栖息驿站消失，以阿兹拉克绿洲为中心的旅游业几乎完全崩溃。

2.4.6　地质影响

含水层中水的重量产生水压，帮助含水层中的含水介质支撑上覆地层的重量。随着含水层逐渐排空枯竭，地下水的这一功能会退化。因此，含水层介质要进行调整以承受上覆地层的重量，在这个过程中，含水层会出现轻微的塌陷。如果发生枯竭的承压含水层中有富含黏土和淤泥的地层，问题将最为严重，因为黏土和淤泥等材料的结构强度很小。随着含水层中水压的下降，含水层及含水层上方的地层会下降。在地表，这一过程会带来大范围的地面沉降。在美国加利福尼亚州，中部平原含水层的枯竭始于20世纪20年代，到了1970年，占河谷一半以上面积的区域都发生了沉降，沉降深度超过0.3m，局部地区的沉降深度高达9m（专栏2.4-6）。

地下水发挥其地质功能的能力降低，也会体现在其经济社会功能和生态功能上。地面沉降会对所有类型的基础设施产生影响，包括公路、铁路、建筑物和农业设施。这些都会对经济社会产生影响，需要加以管理。地表发生的变化会影响河道沿线的水量下泄，可能会使地下水或地表水相关生态系统面临被淹没或是缺少补给的情况。此外，如果含水层坍塌，其蓄水能力会永久丧失，这也意味着该含水层再也无法在水文循环中发挥作用，或作为供水水源。

专栏 2.4-6

美国加利福尼亚州的地面沉降

美国加利福尼亚州的中央河谷区是世界上农作物产量最高的区域之一，该地区依靠地表水调水工程和水泵取用地下水来维持农业生产。该河谷是一个半干旱的冲积槽，西起太平洋海岸山脉，东至内华达山脉，几百年的侵蚀让这片河谷充满了肥沃的土地。中央河谷区地表水资源的空间分布不均匀，导致该地区长期依靠地下水来维持当地以农业为主的经济，特别是在河谷南部 2/3 的地区。中央河谷区一半以上的含水层是由细颗粒冲积物组成的，在没有地下水维持压力的情况下，容易被压实。早在 20 世纪 20 年代，中央河谷区就出现了地面沉降问题，一直持续到 20 世纪 80 年代，该问题才有所缓解。此时，为缓解对地下水资源造成的压力，开始兴建大型的地表调水工程。因为有地表水分配给中央河谷区，置换出之前开采利用的地下水量，地面沉降才有所减缓。然而，最近的干旱导致地表水资源量减少，土地利用方式也从放牧等非永久性利用方式变为果园等高价值的永久性利用方式，这些使得 2000 年后地下水开采量有所增加，地下水水位降至历史新低，导致含水层被加速压实，进一步引发了地面沉降。

中央河谷区开采地下水导致的地面沉降给很多重要基础设施带来巨大损失，包括桥梁、道路、埋藏在地下的灌溉管道和水井等。河谷区耗费巨资建成的地表水调水工程，在运行、维护和建设设计等各个环节都遇到了严重的问题，这些问题都可以归咎于地面沉降。如果调水工程中的地表水无法输送到灌溉用水户，则会进一步加剧地下水的开采利用。修复因地面沉降造成的基础设施受损所需的费用已经成为加利福尼亚州债务的重要组成部分，这也成了一个长期的政治争议。

近期加利福尼亚州的干旱问题给地下水带来的影响已经触发了政治行动。2014 年出台的《地下水可持续管理法案》为解决中高优先级别流域的地下水过度开采问题提供了路线图，该法案要求地方和区域的行政机构成立地下水可持续管理机构，负责在 2022 年前制定和实施当地的地下水可持续管理规划（重要流域的规划要求 2020 年前完成）。该法案要求地下水可持续管理机构在 2040 年前实现地下水的可持续管理。

第 3 章

地 下 水 现 代 管 理

　　本章讨论了地下水管理的主要挑战，提出了地下水管理的方法体系，并给出了不同管理措施的运用建议，总结出一套地下水管理"黄金法则"。关键信息如下：

　　（1）水文循环的复杂性，以及地下水的隐蔽性、流动缓慢性和易获取性等特点，使得地下水面临着独特的挑战。地下水管理体系需要应对这些挑战。

　　（2）地下水管理通常需要一套配套措施。供给方面的措施包括保护天然地下水补给（包括水质和水量），以及通过加大回补力度来提高地下水供水量。需求方面的措施则包括制定水量分配方案限制取水量，以及通过法律、经济和宣传教育等手段来提高用水效率。

　　（3）要加强战略统筹，保证地下水管理措施能够在日常、季节性和长期基础上为一系列水资源、生态环境、社会和经济目标作出最佳贡献。

　　（4）地下水管理决策应注重系统思维，统筹考虑水平衡、地下水水位、水压、与地表水相互作用、水质等因素的重要性，还要考虑这些要素与不同管理目标之间的关系。

3.1　地下水管理的挑战

　　高强度的地下水开采发生在 60 年前。早期的地下水密集开发利用有时被称作水资源开发的一场"无声革命"。随着用水需求增加、钻探技术提升，地下水开采量逐渐增加，但人们几乎没有意识到地下水水位的缓慢下降及其带来的后果，同样被忽略的还有土地利用活动造成的污染风险。

　　在最初几十年的地下水开发利用过程中，即使有些地方采取了地下水管理措施来控制地下水的使用，以阻止地下水水位的下降，但人们对地下水系统与地表水和生态系统之间的相互联系知之甚少。同时，人们很少意识到土地利用对地下水资源造成的影响。如今，从事地下水工作的专业人员在这方面已确立了良好的意识，用水户群体中也在逐步建立这种意识。与此同时，人们也愈发认识到地下水系统的经济和生态价值。随着社会各界关于气候变化的了解不断深入，用水户群体认识到，未来要发挥地下水的功能，已不能只限于了解过去的地下水补给和排泄情况，而气候变化以及人口增长和城市化造成的压力，都会对地下水系统产生影响。

总体而言，专业人士和社会各界对地下水的认识和态度在一代人的时间里发生了巨大改变，为地下水管理方法的转变提供了基础。鉴于目前地下水系统所面临的持续压力，这种改变是必要的。

若想要继续发挥地下水在水循环中的广泛功能，例如经济社会功能、生态功能和地质功能等，需要采取管理措施来维持或恢复适当的水平衡，以预防或解决地下水系统的退化问题。然而，地下水系统的特点给实现这一目标带来了独特的管理挑战。

（1）地下水补给涉及诸多复杂的生物物理因素，这些因素在大部分地区都发挥作用。砍伐或种植森林、灌溉和城市化都会改变地下水补给方式。这就产生了超出水利部门管理范围的问题，需要考虑土地利用方式及其变化情况，并经常需要对其进行管理和监管。

（2）地下水是隐藏在地下的资源。地下水系统中某个部分发生变化，很难直接观测到。即使是地下水储水量这一最基本的要素，也很难直接观测。因为地下水的分布范围较为广泛，所以需要获取两个维度的信息。这就需要布设监测井采集有关水位及其变化情况的信息，但是布设监测井成本比较高。因此，地下水管理中普遍面临的一个挑战就是要用极其有限的信息来对地下水管理进行决策。

（3）地下水流动缓慢。面对过度开采或土地利用带来的压力，地下水系统的响应可能要经过很长时间才会显现，通常对于地下水枯竭所带来的后果，例如流入湿地或作为河道基流的排泄量减少，并不会立马出现。很多情况下，由于缺少有关水力参数以及水平衡的补给和排泄信息，很难预测地下水系统如何应对上述压力。通常唯一可行的方法就是观察系统对压力作出的响应，但这种响应信息很难收集。了解系统响应所花费的时间越长，地下水系统面临的压力就会越大。因此，一个普遍面临的挑战就是，要在所采取的预防措施与土地及水资源开发利用面临的压力之间进行平衡。

（4）地下水是一种容易获取的资源。地下水分布广泛且容易获取，这使得地下水成为非常受欢迎的水资源，但这也意味着很难管理众多用水户的行为。中国最近一次的水利普查显示，中国有 9000 多万口水井，如此庞大数量的取水井使得监管非常困难。与此同时，对小型取水井开展计量或采取其他测量手段的成本很高，因此常常需要进行间接估算。当需要处理大量的小型取水井时，任何的监管干预、沟通和规划过程都会变得非常困难。

（5）随着全球许多含水层的枯竭，地下水的利用和对地下水作为气候适应型资源的依赖正在同步增长。当地下水被开发殆尽或过度开发利用时，就会对地下水管理和保证地下水可持续利用带来挑战。国际经验表明，无论是从法律角度、实践角度，还是从政治角度，让一个已经过度开采利用的水资源系统重新回到可持续发展的水平是极其困难的。这对地下水系统来说，无疑比地表水系统更具有挑战性，因为在含水层枯竭的地方，水资源利用的变化以及将含水层恢复到可持续发展状态，所需的时间可能要长得多。

3.2　地下水管理的基本方法

在这种充满挑战的环境下，地下水管理方法包括供给侧管理措施和需求侧管理措施。供给侧管理措施包括维持和保护天然地下水过程（通常指地下水补给），特别是通过控制土地利用来保护地下水供水水量和水质。供给侧管理措施还包括通过地下水回补来增加地下水供水量。

需求侧管理措施包括减少地下水使用量，比较常见的是通过地下水取水权的分配（必要时进行再分配）直接控制地下水的取用，以及通过各种激励措施来减少用水量或提升用水效率（图 3.2 - 1）。

3.2.1　地下水系统保护

为保护地下水免受水平衡破坏（如增加或减少补给和排泄）或水质污染等活动的影响。主要的保护措施如下：

（1）在重要补给区限制土地利用，避免出现补给减少的情况。例如，限制商业性造林，因为大量种植会使蒸散量增加从而导致补给量减少。

（2）在补给区限制土地利用，以降低对地下水的污染风险。例如，禁

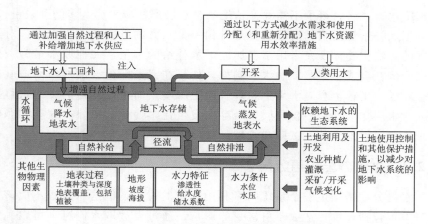

图 3.2-1　与地下水系统相关的关键保护措施

止在补给区发展污染风险高的行业。

（3）在提供天然补给的水源区，限制新增取水量。例如，要限制从亏水河中取水。

上述保护措施的优点在于，这些措施依托于地下水系统的自然功能，不会产生直接的资金成本投入和相关的第三方影响。

这种管理手段面临的挑战是，即使最好的保护措施也只能维持现有的水量平衡状况，而无法进行修复。此外，尽管直接成本可能很小，但限制土地利用和水资源利用存在机会成本。与地下水保护相关的规划和实施，尤其是执法，可能既昂贵又具有挑战性。

3.2.2　增加现有地下水补给量

在供水紧缺的地区，包括开采地下水导致含水层枯竭的地区，一种选择是通过某种形式增加地下水补给量，也称作地下水人工回补（8.3 节）。这包括一系列措施，从加强天然补给过程到人工向含水层中直接注水，主要措施如下：

（1）将地表水导入入渗池。

（2）从主要水库中缓慢放水，通过亏水河下渗。

（3）在季节性河流中修建小型围堰来留存地表水，从而增加入渗。

（4）将处理后的废水直接注入含水层。

增加补给量的好处在于能够增加可利用的地下水水量。对于开发利用程度较高的地下水系统而言，通过采取地下水回补措施，可以继续开采利用地下水。或者，至少不需要像枯竭的含水层那样减少那么多的开采量。

增加补给量面临的困难主要是对相关第三方的影响和工程成本。对第三方的影响主要体现在，用于增加地下水补给的水量，往往原本是为别处提供经济社会或生态服务的水。例如，如果在河道上建设围堰，河道基流就会减少，工程也会对水生生态系统产生影响。而将处理过的废污水直接注入含水层作为补给，含水层中会存在发生化学变化的风险。这些问题的处理需要谨慎地设计、试验和管理。

3.2.3　水量分配和再分配

水量分配是确定一个系统中可利用水量的过程，但这一过程不应该对第三方（包括环境）造成不可接受的影响。通过发放取水许可证可以确定不同用水户的取水权，这样就可以在不同用水户之间对可利用水量进行分配。这种方法能够限制地下水系统的取水量，使得地下水开发利用保持在可接受的程度，以达到设定的水平衡。

水量分配体系和与此相关的水权可能涉及对水井位置、数量和尺寸的限制，以此作为限制地下水取水量的指标。作为替代或补充，水量分配体系可以对用水目的和灌溉用地进行限制，以及（或者）引入水权的概念来界定特殊情况下可以取用的水量。更为复杂的水量分配方法还会涉及地下水和地表水的联合使用，在这种情况下，可以使用整体方法对可利用水量进行管理，增加系统可利用水总量，同时提高水资源系统的稳定性和应对风险的能力（见9.8节）。

通过对现有水权进行监管，水量分配体系还可以作为水量再分配的一种机制，以减少取水量，形成可接受的水平衡。这可以包括通过监管程序或在已经建立了水市场的情况下通过水权交易来减少水权总量。水量再分配是一种将水资源重新分配到更高优先级需求的手段，而不会受到地下水系统以外第三方的影响。通过水权交易体系，可以确保水量再分配所产生的相关费用，将由那些从地下水取用中直接受益的群体支付。

地下水分布分散，取用水户众多，从而使得地下水监管和执法变得困难，这也是实施水量分配体系时面临的主要挑战。同时，所有的用水户都会对减少现有水权有所抵触，尤其是对于那些高度依赖地下水的地区而言，这种抵触现象会更为突出。在5.4节和第9章中，将会对水量分配进行进一步探讨。

3.2.4 提高用水效率的措施

地下水利用的需求侧管理主要涉及鼓励或强制提高用水效率以减少总用水量，从而减少地下水用水量，主要方法包括实施宣传教育和公众意识提升项目，支持采用更高效节水技术（包括灌溉、工业和生活等方面）的补助项目，为推动新技术的使用（例如在新建房屋中使用低流量的设施）制定强制性标准和要求，以及实施严格的土地管理措施（例如农田灌溉规划等）。

上述方法能够减少总需水量，从而降低对地下水系统的压力。然而，采用新技术可能成本较高，而且用水效率更高的系统对未来水资源短缺的适应能力可能较差。

3.3 地下水现代管理的理念和方法

上述方法并不是一系列互为替代的措施，而是对诸多措施的归类整理。地下水管理措施很可能会涉及上述所有方法中的某些要素。这些方法已经在不同地区以不同形式运用了数百年，有的地区甚至已经数千年。虽然同样的方法在今天仍然是地下水管理的核心，但管理方面的挑战（3.1节）意味着需要更有战略性地、更迫切地、更大规模地应用这些方法，并将其作为更复杂的、基于系统的地下水资源规划和管理方法的一部分。

本章提出构成地下水现代管理理念的 4 条原则（图 3.3 - 1）。

（1）战略统筹。地下水管理需要采取一种保护、开发和利用现有可用水资源的战略方法。地下水的独有特性意味着它作为一种资源具有与地表水显著不同的价值。要使这一价值最大化，就需要以地下水如何能够在日常、季节性和长期基础上为一系列水资源、生态环境、社会和经济目标作出最佳贡献的战略目标为指导，制定管理措施。例如，可以采取措施确保地下水的用途与其水质（通常是较好

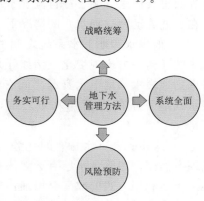

图 3.3 - 1 地下水现代管理理念
强调的 4 条原则

水质）相匹配。同样，在确定不同类型水资源的开发利用程度和保护措施时，需要考虑地下水系统在应对气候变化不确定性方面的灵活性，以及其在水资源短缺时可以发挥的重要作用。

（2）系统全面。地下水管理要采取一种全面的方法来管理和保护地下水循环中的所有要素。需要管理的要素如下：

1）水平衡。水平衡是指对于任何地下水系统而言，任何取水活动都会影响系统的总体水量平衡，地下水补给（入流）和排泄（出流）之间的不平衡最终都会反映在地下水储水量的变化上。虽然地下水储水量的短期变化是可以接受的，但在长期持续下降的情形下，地下水资源的开发利用应该审慎进行，对其带来的后果也需要有清醒的认识，同时需要有管理这种后果的战略考虑。

2）地下水水位。地下水水位的变化会对一系列事情产生影响。地下水水位降低意味着排泄量减少，对地表水系统及地下水依赖型生态系统都会产生影响。同时，可用于灌溉的地下水水量会因此减少，抽取地下水的成本也会随之增加。地下水水位较高会导致农田内涝或引发土地盐碱化，还可能造成蒸发量变大、淹没地下基础设施等后果。在进行地下水开采利用和土地利用规划时，需要充分认识到这些决策对地下水水位可能产生的影响，在确定出最合适的地下水水位的基础上，再作出相应的决策。

3）承压含水层中的地下水压力。承压含水层需要保持一个最低水头，以维持土地的稳定性，防止出现地面沉降。地下水压力对地下水淡水和海水界面也会产生影响。在自流含水层中，需要保证足够的压力，这样水才能在无外界动力（抽水）的情况下，持续流出地表。

4）地表水和地下水系统之间的相互作用。地表水和地下水这两个系统中的任何一方出现变化（例如开采利用），都会对另一个系统产生影响。考虑到地表水和地下水资源之间有较大的重复量（图1.2-4），在确定地表水或地下水的可消耗水量之前，应在水量分配方案中确定出水资源总量。

5）水质。地下水特有的优势之一是水质通常较好，不需要进行过多处理。然而，尽管含水层有天然保护屏障，但地下水系统也很容易受到污染。土地利用方式的改变会增加污染风险，而地下水水流的变化也会影响水质。需要考虑地下水系统随着时间的推移，吸收和处理污染物的能力。

（3）风险预防。地下水管理需要采用基于风险的预防管理方法。资源的"隐藏性"和有关地下水系统的信息非常有限；地下水系统的很多功能没有得到应有的重视；过度开采通常会导致不可逆转的危害，所有这些都需要采取预防的管理方法。上述这些因素，加上与地下水相关的广泛用途，以及对地下水的依赖程度，都会给地下水系统带来不同的风险，造成无法预测的变化：含水层枯竭引起供水量的减少，这种变化对依赖地下水的农业部门而言是不利的，对于以地下水作为主要水源的大型城市人口而言，这种变化可能是灾难性的。在确定各项行动和举措的优先顺序时，风险和不确定性是必须考虑的。在确定可接受的水资源开发利用程度阈值（该值会直接或间接对地下水系统产生影响）的同时，也要考虑风险和不确定性。基于风险的预防方法也需要建立实时的监测和适应机制，保证能够根据最新信息，对地下水管理方式进行调整。

（4）务实可行。地下水管理需要采取务实、可落地的措施来实现战略目标。正如在3.2节详细讨论的那样，这些措施通常包括严格控制取水量、土地利用措施，以及其他会直接或间接影响地下水系统的措施。从含水层里取水的个体用水户数量巨大，这也意味着从成本和大规模使用的角度出发，任何的监管措施都必须要务实可行。这些措施包括监测措施和强制执行措施。

这些原则在下面将要讨论的黄金法则和管理框架中都会有所体现。

3.4　地下水现代管理的黄金法则

在全球范围内，为应对水资源管理中不断变化的优先事项、不同的危机和日益复杂的情况，地下水规划和管理方法也在不断演进。这些方法已经在很多国家，以及诸多不同的水文、体制和政治条件下得到发展。尽管如此，在地下水保护面临的挑战中，一些关键问题也逐渐显现。从过去几十年地下水系统管理中的国际经验和教训出发，提炼出了以下8条黄金法则。这些法则将在接下来的有关章节中进一步展开。

（1）法则1：认识并试图理解整个地下水系统。

地下水系统是复杂的，它受到一系列生物物理、生态和社会经济因素的影响，同时在很多方面也发挥了重要作用（但这些作用往往不被重视）。在进行规划和管理时，如果采用系统方法，则意味着要对该系统有非常全面深入的了解。就地下水系统而言，在规划时就需要了解或考虑以下问题：土地利用方式的变化会如何影响地下水补给和水质，取水行为对地下水储存量会产生何种影响，以及地下水开发利用对排泄和相关生态系统的影响等。

（2）法则 2：认识地表水和地下水之间的联系和差异。

在进行水资源规划和水量分配时，应统筹考虑地表水和地下水，而不是分开考虑。除开采利用深层地下水之外，从一种水源中取水均会减少另一种水源的可利用量。取用地下水会减少地下水向地表水排泄的水量，会减少以地下水作为水源的用水户的可用水量，包括地下水依赖型生态系统。同样，地表水使用的变化会影响地下水的补给（或排泄）。与此同时，规划还应该认识到地表水和地下水之间的内在差异（和不同的价值）。值得注意的是，水量分配过程应该考虑地下水作为干旱时期一种非常可靠的水源（也可以称作潜在的应急备用水源）。水量分配过程中还需要考虑到不同用水户对地表水源和地下水源不同水质的不同需求。

（3）法则 3：地下水规划应采用与水资源自然特征相适应的规划水平年和空间尺度。

地下水是一种流动缓慢的资源，地下水系统对外界变化的响应可能会有较长时间的滞后，在某些情况下会滞后几十年。因此，与地表水规划通常采用的规划水平年相比，在地下水规划中采用的水平年要更长。地下水系统的开采潜力，尤其是开采深层地下水时，就需要考虑采用代际年限的水平年，要远远超过地表水水量分配中经常采用的 10～20 年的时间。另外，编制地下水规划时，通常需要确定合适的空间范围。含水层大小可以从一个较小的局部区域系统，到接近大陆的规模。同样，与地下水系统相关的生物物理和经济社会过程也会出现在不同的空间尺度，从全球范围（如气候过程）到局部区域范围（如个体工业或农民在关键补给区开展的活动）。与此同时，考虑到含水层的流动范围与流域边界和行政边界不重合，在规划时需要考虑如何让地下水规划和其他规划有效衔接。

（4）法则 4：寻求地下水规划和土地利用规划目标的一致性。

土地利用是影响地下水补给的主要因素。在很多地区，亟须对地下水补给区进行保护，使其免受污染和退化。这就需要对地下空间的活动进行监管，例如垃圾填埋和采矿等活动。同时，土地利用方式的变化可能会促使对地下水的需求量增加。土地利用方式发生改变，地下水规划的目标会被削弱。因此，确保土地利用活动的管理方式与既定的地下水用途保持一致，是非常重要的。如果无法实现这一管理方式，那么在确定地下水系统作为水源的适宜性和可靠性时，就需要考虑土地利用方式对地下水系统的影响。

（5）法则5：根据水平衡开展水量分配和使用。

水量分配体系要确定可利用水资源量，并在这一总量范围内对不同的用水需求进行管理。就地下水系统而言，需要确定水平衡，并在此基础上确定较长时间内可以取用的水资源量。尽管关于地下水的相关信息非常有限，但确定地下水可利用总量非常重要（如果有必要的话，可以基于理论上的水平衡或者其他区域的经验来确定），并需要逐步来完善与地下水相关的信息。考虑用水量和规划框架之间的差值，能够为适应性管理和监管控制提供基础。确定地下水可利用总量主要内容是：以一种考虑地表水系统和地下水系统之间联系的方法进行核算，避免重复计算供水量或用水量。

（6）规则6：通过基于风险的规划和管理方法，确定保护对象的优先顺序，识别出与地下水系统相关的固有不确定性以及系统出现问题时的后果。

地下水系统的隐蔽性、对外界变化反应严重滞后的特点以及影响地下水系统的诸多因素，使得地下水系统在面对未知的影响时非常脆弱，而且难以对这些影响进行评估。同时，地下水系统的退化往往是不可逆转甚至是毁灭性的。这就使得基于风险的预防管理方法非常必要。规划过程需要确定出易受污染或过度超采的区域，评估不同用水户（包括地下水依赖型生态系统）对地下水系统的依赖程度（以及相应的风险），明确地下水系统退化时可能对不同用水户产生的后果（包括成本）。

（7）规则7：建立适宜的支撑性治理框架，涵盖所有问题和利益相关方。

与地下水相关的决策制定需要有相应框架的支撑，该框架应该与包括农业、能源、健康、城市和工业发展、环境等其他行业的宏观政策相协调。该框架还需要设定相应机制以平衡政府部门和基层群众的结构和职责，并识别与地下水系统利益相关的诸多方面，允许纳入地下水管理中。该框架必须具备坚实的法律和监管基础，包括确定和分配地下水水权。

（8）法则8：对地下水系统进行监测和信息报告，以此作为确定优先事项、风险管理和完善未来决策的基础。

长期监测地下水储量和开发利用量，为理解和管理水平衡提供了最可靠的方法。鉴于此，建立早期基准值至关重要。建设监测体系投资较大，

　　在设计之初便需要考虑对风险进行管理，包括对地下水依赖型生态系统的生态健康趋势进行追踪。考虑到收集地下水用水量的直接数据代价较高，应考虑使用其他表征值（例如用电量）作为一种替代方案，以此来监测水平衡的相关组成部分。

第 4 章

地下水管理规划的总体框架

本章提出了地下水综合规划和管理的框架，讨论了地下水管理和其他规划及政策问题的联系，包括水利行业内外的各种规划及政策。关键信息如下：

（1）地下水资源的保护和利用应该在一个综合管理体系中进行，而且这个管理体系应该有关于地下水系统的长期规划和明确目标。

（2）地下水规划和管理应该与地表水规划和管理相互衔接。

（3）从国家层面到地方层面均应制定地下水规划，不同层级的规划之间要协调一致。

（4）水利行业内外的诸多政策法规，都需要考虑地下水规划和有关优先事项，反之亦然。

（5）土地利用规划和管理应以不损害地下水规划和管理实施效果的方式进行。

4.1 总体框架

地下水管理问题的识别与实施管理措施过程的确定，应在一个统筹所有影响决策的物理、环境和经济因素的概念框架下进行。本节概述了地下水规划和管理的框架，对其中的关键要素以及与其他规划和政策措施之间的联系进行了探讨。

地下水系统规划和管理框架如图 4.1-1 所示。该框架从概念上明确了地下水系统中不同物理要素之间的联系，指出了人类活动对地下水的需求，以及建立恰当的地下水管理体制的有关考虑。该框架以第 3 章中提到的原则、方法和黄金法则为基础，旨在指导第 5 章所述的地下水规划过程。

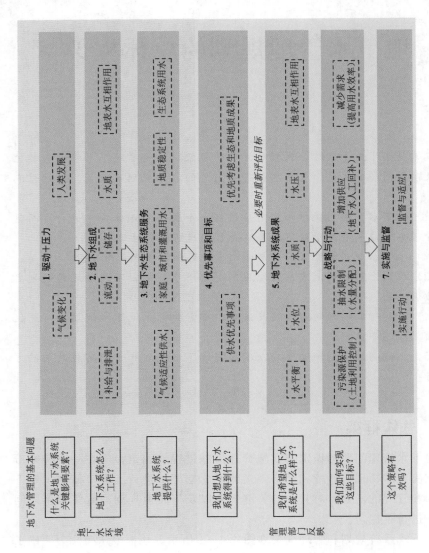

图 4.1－1 地下水系统规划和管理框架

　　该框架由七部分组成。前三部分与地下水环境有关，主要在规划过程中通过情况评估加以处理（5.2 节和第 7 章）。后四部分与管理响应有关，主要涉及制定和实施地下水管理规划（5.1 节）。每一部分都重点围绕或是可以表达为一个问题。这些问题都是在制定地下水管理战略方法时需要考虑的核心问题。

　　第一部分涉及外部驱动因素，其会影响地下水系统的天然过程（2.3 节）。外部驱动因素包括人类活动，比如农业、城市化，或其他会导致地下水系统产生物理变化的因素。气候变化也是影响人类活动和水文循环的外部驱动因素。上述因素都有可能引起水平衡的改变（甚至可能引起含水层枯竭）和水质退化（2.4 节）。弄清楚这些因素随着时间推移如何演变，或还有哪些新的驱动因素会产生，是非常重要的。该部分的关键问题是：对地下水系统产生的主要影响是什么。

　　第二部分涉及构成地下水系统的要素，各要素如何相互联系，以及各要素如何影响地下水系统的条件和功能，主要包括地下水补给和排泄、流经地下水系统的水通量、相关含水层中储存的水量、地下水与地表水之间的相互作用及二者的重复量等。若要保证地下水的开采量不会超过地下水系统的可持续开采量，了解上述要素十分必要。更广泛地说，开展地下水规划和管理工作时，需要了解构成地下水系统的这些要素是如何相互作用的，以及这些要素发生变化时会带来什么影响，以便建立适当的水平衡。该部分的关键问题是：地下水系统是如何运行的。

　　地下水系统的战略管理从根本上要求了解该系统提供的功能（第三部分），主要包括认识地下水作为水循环不可分割的一部分所发挥的总体功能，以及与经济社会、生态和地质服务相关的功能（1.3 节）。了解地下水系统发挥的自然功能，对于支撑决策至关重要。有了地下水功能的相关信息，就有可能考虑不同规划和管理方案的潜在影响，并对相应的成本和效益进行评估。该部分的关键问题是：地下水系统能够提供哪些服务。

　　在管理响应的决策过程中，应考虑地下水系统的有关情况。该部分的目标是支撑水资源的可持续利用，既要为家庭、城市和农业提供水资源，也要确保地下水的重要生态和地质功能得以维持（第四部分）。了解地下水的有关情况，有助于围绕优先事项和目标作出决定，包括确定如何充分利用可供消耗的水量。制定地下水保护和开发利用决策时，应结合环境、社会和发展目标，根据地下水系统现状以及目前或未来的变化驱动因素，依据地下水系统需满足的用水需求范围而制定。该部分的关键问题是：我们希望从地下水系统中得到什么。

　　一旦确定了优先事项和目标，就可以确定地下水系统应该如何运作才能支持这些优先事项和目标（第五部分）。这使得管理人员能够了解什么是可接受的地下水水位；什么是适当的水量平衡；拟满足的用水需求需要什么样的水质；地下水系统需要在多大程度上为地表水系统以及地下水依赖型生态系统作出贡献。设定发展、生态和其他优先事项及目标，确定这些优先事项及目标对地下水系统本身产生的影响，可能是一个不断反复的过程：根据优先事项与目标对地下水系统的意义及可能产生的影响，可能有必要重新设定优先事项和目标。该部分的关键问题是：我们希望地下水系统是什么样子的。

　　一旦确定了地下水系统的战略目标，就必须确定为实现这些目标所需要采取的措施（第六部分）。要确定四项主要战略和相关行动：①保护水源，以维持地下水补给，并管理与污染相关的风险；②限制可抽取的地下水量；③增加现有地下水供应，例如通过人工回补或是开发替代水源的方式解决；④将提升用水效率作为减少用水需求的一种手段。需要考虑不同战略的成本、效益及可行性。该部分的关键问题是：我们如何实现这些目标。

　　框架最后一部分（第七部分）与实施有关。除了实施地下水管理战略的行动外，该部分还包括监测和适应性管理的内容。鉴于地下水系统经常存在较大的不确定性，监测和适应性管理尤为重要。该部分的关键问题是：制定的战略规划是否奏效。

4.2　与其他水利规划的衔接

　　确定、巩固和协调跨部门间的衔接，是地下水规划的关键要素之一。这种衔接既有"内部"（水利部门内部）联系，也有与其他相关部门的"外部"衔接联系。

　　地下水作为水文循环的组成部分，需要与地表水资源联合管理。不断加剧的气候变化会导致地表水干旱事件频发，增大地下水含水层缓冲季节性和多年气候变化的压力。例如，战略性地利用地下水储水量作为地表水的补充，可以极大地提高灌溉供水保证率。

　　在许多城市地区，为提高供水保证率，人们对地下水的依赖程度越来越高。但是，为确保地下水水质，必须谨慎管理废水处理和排放带来的污染风险。因为废水和固体废物对地下水（尤其是浅层含水层）构成了严重的污染威胁（威胁主要来自病原体、营养物质、社区有机化学品和重金属）。

因此，地下水管理部门必须同水资源管理的其他部门紧密联系、统筹协作，这样就可以避免出现重复计算水量的问题，并确保地下水开发利用不会对地下水依赖型生态系统造成影响。除了要与地表水分配过程相协调外，地下水管理也要考虑其他的一系列水利规划工具。这种关系是双向的：不同的水利规划及政策与地下水相关决策之间要相互协调，避免可能存在的矛盾，并基于此确定支持行动的需求，实现不同规划的协同一致。图 4.2-1 确定了一系列水利规划与地下水规划之间的联系。

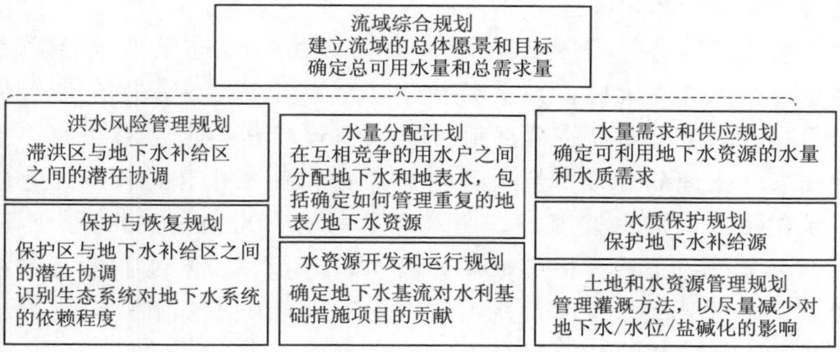

图 4.2-1　其他水资源规划工具中需要考虑的地下水因素

流域综合规划确定了流域的总体愿景和目标。虽然流域的地理边界是根据地表水确定的，但规划中也需要考虑地下水。流域规划为区域的水资源利用设定了远景和高层次目标。在此过程中，应考虑地下水在实现这些目标中发挥的作用，以及任何的开发利用建议可能对地下水系统产生的影响。

蓄滞洪区和其他用来降低洪水风险的天然基础设施，也可以成为地下水补给的场所，这就为不同规划和管理措施创造了协同增效的机会。保护规划中会确定依赖地下水排泄作为水源的优先生态系统（比如湿地），这些都应该在地下水规划过程中加以考虑。同时，规划允许的地下水开发利用可能会对可利用水资源量以及相关生态系统产生影响，在确定生态系统的保护目标时，也要考虑这些影响。

水资源开发和运用规划可以指导地表水基础设施的开发和运营。在制定水资源开发利用规划时，需要认识到该规划与地下水系统之间的联系。在更局部的范围内，土地和水资源管理规划可用于限制可能导致地下水水位上升和盐碱化的灌溉措施（专栏 4.2-1）。

制定国家政策以减少葡萄栽培集约灌溉产生的
地下水盐碱化威胁：阿根廷门多萨省

　　阿根廷门多萨灌溉总局是一个省级自治水资源管理机构，通过将地下水管理整合到其既定的农业灌溉地表水管理中，以积极主动地应对盐碱化问题。在门萨多这个极度干旱的省份（每年降雨量少于 200mm），大部分的地下水储存在第四纪含水层系统中，当门多萨河和图努扬河从安第斯山脉流到渗透性极好的冲积扇上时，就直接对该含水层进行补给。这里讨论的特殊案例就是所谓的卡里萨尔河谷或卡里萨尔洼地。

　　改革前的管理办法是鼓励在现有灌区之外和其边缘地带钻井进行灌溉。当作物需水量最大时，如果现有渠道无法满足需求，则允许在现有灌区范围内钻井取水。从经济角度而言，这一策略总体上是成功的，直接的体现就是农业土地的价格已经达到非常高的水平（对于拥有灌溉基础设施和地下水使用权的成熟葡萄园，每公顷价格为 30000～50000 美元，而邻近相对较为贫瘠的土地价格仅为每公顷 4000 美元）。但该策略也存在一定的问题，即含水层的响应与预期不同，地下水盐度不断上升，使得高价值葡萄园和果园的可持续性受到影响。

　　卡里萨尔河谷占地约 240km²，位于其下方的非承压含水层据估计（2000 年以前）平均每年从门多萨河床 10km 长的河段处获得 8500 万 m³ 的地下水补给，同时灌区的灌溉地表水回灌每年还能增加 4000 万 m³ 的补给。但是，由于上游河道蓄水和调水（在一定程度上通过渗漏补偿），以及在超过 14000hm² 的耕地上大幅增加加压滴灌，含水层的补给方式已经发生了实质性的改变，这些变化到底会对补给产生哪些影响尚不明确。该地区有 600～700 眼大容量灌溉水井，从位于地下 50～100m 深的含水层取水，自 1995 年以来该含水层的水位便一直在下降。最近的调查还揭示了地下水盐度的明显分层，在相当大的区域内，地下水盐度的水平（电导率2500～4000mS/cm）给果树灌溉造成麻烦，深至地面以下 70m 处，而且只有在深井的取水筛管记录的电导率小于 2000mS/cm。这些数值在 20 世纪60 年代末分别为 1800mS/cm 和 1000mS/cm。卡里萨尔河谷初期的地下水盐度示意图如图 4.2 - 2 所示。

应对可持续问题的管理措施

　　盐碱度增加的原因是自然干旱植被区土壤中积累的盐分转移，当土地进行灌溉耕作时，随着灌溉用水的回灌，土壤中的盐分分馏出来回到地下水中。扭转地下水盐度增加趋势的关键在于控制地下水总取水量，这样浅层地下水的自然排泄可以一直存在，防止灌溉土地进一步退化为盐碱沙漠化地区。采取的具体措施如下：

（1）更加严格地控制水井钻探。通过1997年宣布的限制区域，以防止地下水开采的进一步增长。

（2）2008年，严禁地下水使用权的空间转移，通过这种调节手段避免地下水中盐分的进一步转移。

（3）为该地区提供过剩的河道流量，并通过门萨多河床工程来增加补给量。

（4）加强对地下水水位和盐度的监测，同时建立含水层的数值模拟模型，从而为地下水和地表水的联合使用管理提供更加科学的依据。

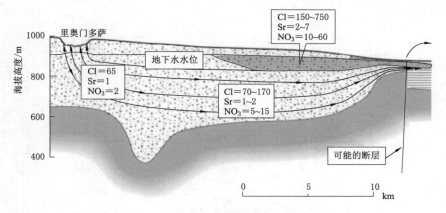

图 4.2-2　卡里萨尔河谷初期的地下水盐度示意图

然而，在推进该战略的过程中仍需克服一些障碍：

（1）针对那些将地下水作为唯一水源，且不愿意加入长期建立的灌溉渠道用水协议框架的用水户，要与他们进行沟通协调。

（2）促进公共行政部门和现有灌溉用水户之间建立稳健、透明的伙伴关系，采取预防措施以确保地下水水质的长期可持续性，抵制地下水过度和随意开采利用带来的短期收益。

（3）改变地下水取水权永久持有的传统，由于滴灌的引入，导致许可开采的净耗水量增加。

（4）促进灌区内的地表水得到更加合理的配置。

　　与地表水相比，采用地下水灌溉的成本要高得多，这也使得用水户在使用地下水时更加审慎负责。至少，在卡里萨尔峡谷地区，最近的监测数据表明地下水水位有所恢复，盐度也在一定程度上有所下降。

4.3　不同行政层级之间的联系

　　高效的地下水管理需要不同行政层级之间的协调和配合（图 4.3-1）。国家级的行政机构通常负责制定法律和政策框架，也可能负责制定国家层面的地下水战略（专栏 4.3-1）。用于地下水保护和开发利用的资金也依赖于国家层面列支的预算。在整个管理体系中，地下水管理政策与其他行业和相关政策工具的横向协同主要涉及较高的行政管理层级，尽管在业务层面，较低层级之间的协调也很重要。6.3 节将进一步探讨支撑地下水管理的机构框架。

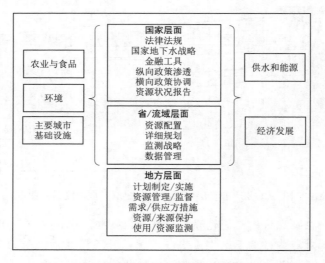

图 4.3-1　地下水管理和管理规划之间的联系

专栏 4.3-1

国 家 地 下 水 战 略

1. 南非地下水战略 2010

南非地下水战略的目标如下：

（1）地下水是重要的战略水资源，是水资源综合管理的重要组成部分。

（2）随着可持续管理能力的增加，对地下水的认识和开发利用也在不断深入。

（3）在规定的水资源管理层面，制定和实施了更加有效的地下水管理方案，并根据地方水质和水量保护的需要进行了调整。

该战略包括以下一系列行动措施：

（1）确保在修订国家、流域和供用水战略及规划时，充分考虑地下水问题。

（2）回顾并继续实施南非地下水水质管理政策。

（3）确定关于废弃矿山修复的政策和战略，确保解决相关的地下水问题。

（4）确定地下水对生态保护区的贡献。

（5）确保所有地下水用水户都登记了最新的用水许可。

（6）在合理的时间范围内核实用水情况，强制用水户按照用水许可条件取用水。对于不遵守用水许可条件的用水户，采取严格的监管措施。

（7）制定法规，要求地下水用水户、钻井和抽水测试公司向区域地下水管理办公室提供地下水数据。

（8）根据向水利主管部门提交的地下水和钻井数据，最终确定要发放给用水户的许可证。

（9）在已确定地下水资源分类的情况下实施水质控制目标。

2. 澳大利亚国家地下水行动规划

澳大利亚国家地下水战略框架（2016—2026 年）的规划时间为 10 年，主要集中在 3 个优先目标上。为实现这 3 个优先目标，需要采取相应措施，以维持和确保对地下水资源的现状开采利用量。该框架旨在通过采取更加高效、有效和创新的地下水管理措施，使地下水对澳大利亚经济、环境和社会的贡献最大化。3 个优先目标如下：

（1）对地下水的可持续开采和最大化利用，支持地下水的价值，提升对地下水资源的认识，以实现对地下水的最大利用。

（2）提供投资信心，通过对地下水资源开展基于风险、持续和高效治理，为投资提供信心。

（3）通过现在的规划和管理为未来提供空间，制定综合供水规划，以提升未来的水安全。

上述目标将通过以下方式实现：

（1）承认和支持地下水的价值。

（2）更好地了解地下水，并获取关于地下水的新知识。

（3）实施基于风险的方法来管理和利用地下水。

（4）采取更加高效和有效的监管程序。

（5）完善信息获取渠道，更好地支撑决策。

（6）在水循环中，研究更加创新的方法来利用地下水。

4.4 与土地利用的联系

地下水水质和补给率与含水层补给区的土地利用方式密切相关。土地利用规划和政策会导致土地利用方式发生改变，因此统筹地下水管理和土地利用规划及政策尤为重要，但在实践中往往难以实现。需要建立一种机制，即在城市和农村地区的土地利用和发展规划中，将地下水作为一项因素进行考虑。从制度上来说，这是一项非常大的挑战，因为会涉及许多不同的机构和工作程序（图 4.4-1）。

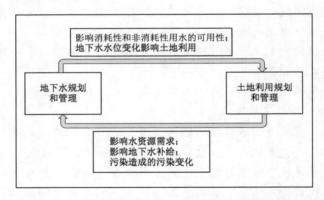

图 4.4-1　地下水规划和管理与土地利用规划和管理之间的联系

一个有效的方法就是为地下水管理机构制定法律规定，将具有公共供水等战略功能或是特别容易受到污染的地下水所在区域，正式划定为地下水保护区。这些区域一旦被宣布为地下水保护区，便需要就土地使用调整和利用规划进行协商。此外，开展土地利用规划的环境影响评估时，还要将地下水的影响纳入其中。在很多国家，开展环境影响评估是法定要求，通过进一步细化完善，已经成为充分考虑土地使用变化和地下水间联系的主要机制。

农业土地利用，尤其是集约化的灌溉耕作方式，对地下水补给水量、水质产生重要的影响。一方面，地下水是农业灌溉的主要水源；另一方面，农业土地利用方式对地下水水质影响很大，有时还会对含水层的补给量产生影响。因此，有关农业咨询服务在给出化肥和农药的使用建议时，地下水管理机构要确保这些建议是在考虑化肥和农药下渗风险的基础上做出的。在地下水保护区，应特别关注农业土地利用管理，限制农用化学品的使用和牲畜放牧密度。对改变土地利用方式的农民，可以考虑向他们提供补偿，以作为其提供环境服务的费用。

4.5　与其他外部因素的联系

城市化建设（如管道、电缆、隧道、地铁、停车场、工业仓储、热力管线等）对浅层地下空间的运用日益增加，更深层地下空间也越来越多地用于危险废弃物的处置，这些都会给地下水造成严重威胁，使得考虑地下水保护的需求迫在眉睫。很多国家都未对地下空间的利用进行管理，即使有相应的监管或调整措施，往往也是相互割裂的。因此，在核准地下空间使用的规划时，应考虑地下水风险相关的因素，这一机制的建立对于有效的地下水管理非常重要。

采矿活动，不论是在含水层中进行的还是在含水层以上或以下进行的，都会对地下水造成重要影响。因此，地下水管理者和采矿业之间建立良好的联系非常重要。此外，由于不合理的采矿管理活动，全球范围内都出现了严重的环境退化和地下水退化现象，扭转这一现象也非常重要。为建设工程从冲积沉积物中开采砂砾也会对当地的地下水系统造成严重干扰，并对地下水水质造成危害。

传统和非传统的陆上油气勘探和开发利用也会对地下水造成严重的污染威胁，即使这些活动主要集中在深层地下区域。因此，在有重要含水层的区域，必须要对这些活动采取特殊预防措施。对于储存这些油气资源和其他危险化学品的地表和地下区域，也要采取相同的预防措施。

开发利用地下水时，需要从水井中抽水和输配水，某些情况下还需要建设运行水厂，这都需要较大的能源消耗。政府利用能源价格（以补贴的形式）来刺激地下水灌溉。如果没有充分考虑可持续问题，这些政策会产生不利影响。对于地下水已经不可持续利用的情况，可以考虑将能源定价

73

和能源供给作为减缓地下水过度开采的一种手段。可能采取的措施包括：采取的能源定价政策应向地下水取用者传递恰当的信号；停止向超水权取水的用水户供水；为农业灌溉提供专用电线；在用水需求最高峰的时间段内限制能源供给，以落实相应的水资源管理制度。

　　在健全的地下水管理规定中，需要明确地下水管理部门与其他部门之间的联系，以便在其他部门的政策中充分考虑地下水有关的问题（图 4.5-1）。一些国家在这方面已经成功采取了相关行动，例如，禁止使用某些特定的持久性危险化学品，禁止某些类型的勘探和建筑技术，加强农业发展规划和地下水可利用水量的统筹协调。

图 4.5-1　地下水政策和其他政策的联系

第 5 章

地下水管理规划的关键程序

本章介绍了制定地下水管理规划的关键程序，包括对地下水系统评估的深入讨论、水量分配和取水管理、水质保护等内容。关键信息如下：

（1）地下水管理规划是以文件的形式确定地下水系统优先管理领域和目标，还包括为实现这些目标所建议的措施。

（2）制定地下水管理规划，首先需要对地下水系统的功能以及存在的问题、风险和机遇等进行评估。评估将为地下水资源的保护和开发利用决策提供基础支撑。

（3）含水层分区是指建立一套区域的地理边界划分系统，将具有相同要素、风险或特征的区域划分为一个分区，可以基于自然特征对地下水系统进行划分，也可以基于不同管理区域进行划分。

（4）地下水管理规划可用于指导分配不同用水户可利用的地下水量。其中一项重要工作内容是要确定可利用水量，即可持续开采量。可持续开采量所表征的状态，是开采利用地下水的收益与其带来的环境、经济和社会影响之间取得最佳平衡的状态，也被认为是开发利用效益最大化的一种状态。

（5）确定可持续开采量需要统筹考虑可利用的地表水和地下水以及二者之间的关系。同时，还需要确定不可更新水资源量是否可以利用以及如何利用。

5.1 制定地下水管理规划的主要程序

针对需要优先保护的地下水系统，规划可以通过明确一系列结构化的措施及行动计划，将地下水管理的概念性框架转化为实际措施。这个过程应当是经过科学论证且公开透明的，并同时制定相应的责任框架。通过规划，可以形成正式的地下水管理规划文件，文件中将明确需限时完成的行动、可以进行监测的指标以及可以评估的成果和产出。

地下水管理规划的制定包括（图 5.1-1）：

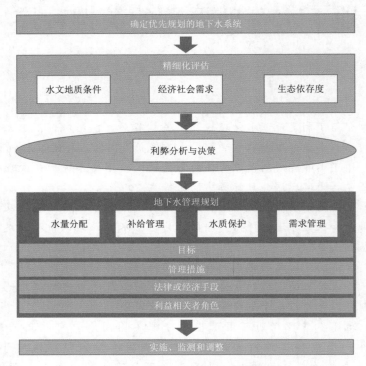

图 5.1-1　地下水管理规划编制程序

（1）确定需优先制定规划的地下水系统，评估这些系统的功能以及存在的问题、风险和机遇等。

（2）针对可利用水量，通过决策程序来确定分配的优先顺序和目标。

（3）明确地下水管理规划的规划目标和相应举措。

（4）规划实施要以系统化监测和效果评估为支撑，根据需要在未来对规划进行调整。

本章对规划的程序进行了介绍，主要包括地下水管理规划中两个重要部分：水量分配和水质保护。

本书的其他章节对规划的若干要素进行了更加详细的讨论，主要有地下水评价（第 7 章），增加补给（第 8 章），水量分配（第 9 章），水质管理（第 10 章）和地下水监测（第 11 章）。

5.2　评估确定地下水系统的优先顺序

针对所有的地下水系统制定详细规划通常是不可行的，也无必要。因此，地下水规划首先应该是确定出需优先制定规划的地下水系统，在此过程中，需要考虑以下水文地质特征。然后，再针对优先级高的地下水系统，制定地下水管理规划。

（1）地下水流动系统的尺度及其储量规模，地下水系统一般应选择最小的具有供水意义的空间尺度，才能够较精细地刻画实际的地下水用水户和潜在的污染者（跨界含水层这一特殊情况除外）。

（2）地下水与地表水的关联程度将决定是否需要开展地表水和地下水的联合管理。

（3）补给程度，考虑是否需要使用不可更新地下水资源。

（4）含水层对不可逆的系统退化的敏感性和地下水对污染的脆弱性，将决定采取措施的必要性和紧迫性。

确定地下水与地表水系统的联系程度，也有利于确定地下水相关生态系统，评估生态系统对地下水的依赖程度，从生态、社会和经济角度评估生态系统的重要性，以及确定地下水系统的变化会带来的相关风险等。

此外，还需要评估现有地下水资料的偏差和不确定因素，以及如何加强监测以减少偏差。

5.2.1　经济社会

在进行水文地质评估和生态评估的同时，还需要开展社会经济评估，以评估地下水对人类、环境及经济的重要性。这一评估过程会重点强调地下水系统在公共供水、农业灌溉和工业生产中的关键作用。社会经济评估应考虑目前和未来对水资源的需求，以及人类发展对地下水系统的潜在影响。经济社会评估包括不同地下水用水户的识别和分类（表 5.2-1），并以此为基础制定用水需求以及考虑不同用水户群体潜在影响的决策，从而确定需要采取的监管类型。

77

表 5.2 - 1　　　　　　　　　地下水用水户的分类

用水户类型	使用规模	耗水量比例	使用污染水平	社会经济状况	监管需求
城市用水					
城市自来水	大量	小（但可能涉及流域输出）	高	最高优先级，但需要仔细核算成本	必不可少
私人工业供水	中等	不确定（需要专门评估）	不确定（可能较高）	只需经济成本	必不可少
城市家庭自备供水	中等	小	中到高	通常需要收费	通常需要监管
农村地区用水					
农村供水	少量	小	中等	最高优先级	无需监管
基本农业用水	少量	小	中等	高优先级	无需监管
小型灌区	中等	中到大	中等	高优先级（但需要确定顺序）	通常需要监管
大型灌区	主要	大	中等	只需经济成本	必不可少
商业畜禽养殖	中等	小	中到高	只需经济成本	必不可少
采矿作业和排水	不定	较低	不确定（需要专门评估）	只需经济成本	必不可少

地下水系统的优先顺序主要是根据系统的经济社会重要性或系统可持续性受到威胁程度等客观标准来确定的。这就需要对地下水系统按特征进行分类，并据此确定哪些地下水系统需要采取干预措施，以及不同系统可能存在的问题和需要采取的方法类型等。其中，城市含水层系统对城市供水具有重要战略意义，也承受着较大压力，因此通常处于最高优先级（专栏 5.2 - 1）。

专栏 5.2 - 1

城市地下水管理规划需要采取综合措施

位于或紧邻大型都市腹地的含水层系统通常是需要优先制定规划的对象。因为，要想为众多人口提供用水服务，就要依赖含水层的水质和水量，而地下水面临过度开采和污染的双重困扰。规划中普遍面临的一个挑战是含水层的边界通常和行政边界不重合，因此需要与其他行政单元达成具体的协定，确定地下水保护区，并为其他行政区提供的环境服务进行付费。

对于以前依靠当地地下水供水的城市地区而言，即使现在可以通过大规模的调水来满足城市供水，也有必要制定城市地下水管理规划。而且，不论是何种情况，地下水管理规划都要与城市其他方面的规划和管理协调一致，包括卫生、排水和基础设施设计等（避免地下水水位下降带来的地面沉降和地下水水位上升带来的内涝灾害）。

5.2.2 分区

分区是指建立一套区域的地理边界划分系统，将具有相同因素、风险或特征的区域划分为一个分区。分区的基础包括水均衡组成分析以及系统面临的潜在压力分析。面对这些压力，需要采取一定程度的指导或控制措施，以避免系统的组成发生不可接受的变化。

分区是根据自然特征，对地下水系统或其组成部分进行分类的技术过程，可为地下水管理相关决策提供参考。在这种情况下，分区涉及评估过程中数据的收集、分析和可视化，是技术评估的结果，并以便利好用的方式呈现出来，帮助地下水规划者和管理者在制定地下水管理规划的过程中进行决策。通过分区，可以区分出地下水开发利用潜力、水质（可能会影响水量分配结果）存在差别的区域，能够识别出对地下水补给或排泄较为重要的区域。因此，对于这些区域，需要考虑采取土地利用管理措施，以保护地下水资源。

如果用于指导水资源管理，那么分区必须切实可行。分区是否可行取决于对水均衡组成的了解程度、区域布局和系统所受压力的性质。

分区还涉及划定不同的管理区域。在这种情况下，可以利用地下水规划或其他监控工具来确定不同的管理区域，并确定不同管理区内的行为准则或强制性要求（专栏 5.2-2）。确定管理区域的决策过程，不仅仅要对地下水开发利用潜力或污染风险进行技术评估，而且涉及地下水系统的优先顺序确定。在确定优先顺序时，不仅要考虑地下水的开发利用潜力或面临风险，还要考虑一系列其他因素，包括经济社会优先顺序和公平问题。在这种情况下，分区不仅是规划过程中的评估过程，还是规划制定过程中各方利益权衡和决策的结果。

中国的地下水分区

中国的地下水管理采取分区管理的方式，分区管理从地理角度出发，将地下水资源及其相关的地貌景观划分为"功能区"。地下水分区旨在指导地下水利用和生态环境保护，由水利部根据地下水补给条件和性质、含水层储水程度和采矿条件、地下水水质、生态环境系统类型和保护、地下水开发利用程度、区域水资源配置规划、经济社会状况等一系列因素，在国家层面制定和实施。

地下水功能区分为保护区、开发区和保留区 3 个一级功能分区，3 个一级功能分区又进一步划分为 8 个二级功能分区，表 5.2 - 2 是这一分类的详细描述。

表 5.2 - 2　　　　　　　　　　地下水功能分区

一级功能分区	二级功能分区
保护区	生态脆弱区
	地质灾害易发区
	地下水水源涵养区
开发区	集中式供水水源区
	分散式开发利用区
保留区	应急水源区
	储备区
	不宜开采区

1. 保护区

保护区是指区域生态系统对地下水水位、水质变化较为敏感的区域。在保护区，地下水开采期间需始终保持地下水水位不低于生态控制水位。二级功能分区如下：

（1）生态脆弱区。生态脆弱区指具有重要生态保护意义且生态系统对地下水变化十分敏感的区域，包括重要湿地、国家及省级自然保护区（和缓冲区）、位于干旱和半干旱地区的天然绿洲及其边缘地区，以及具有重要生态作用的绿洲廊道。

（2）地质灾害易发区。地质灾害易发区指地下水水位下降后，容易引

80

起海水入侵、地面塌陷、地下水污染等灾害的区域。其范围根据水文地质条件和相关因素确定，例如砂质海岸以海岸线以内 30km（此处易发生海水入侵）的区域，或是含水层介质颗粒大、透水性较好和地下水水位较高的区域（此处污染风险较高）。

（3）地下水水源涵养区。地下水水源涵养区指为了保护重要泉水（包括生态或开发利用原因）而限制地下水开采和人类活动的区域。这些地区还包括补给区域和具有重要生态功能的滨水区域。

2. 开发区

开发区需要满足特定条件：地下水补给和开采条件良好；多年平均地下水可开采模数不小于 2 万 $m^3/(km^2 \cdot a)$；单井出水量不小于 $10m^3/h$；地下水矿化度不大于 2g/L；地下水水质能够满足相应用水户的水质要求；一定规模的地下水开发利用不会引起生态与环境问题。二级功能分区如下：

（1）集中式供水水源。被划分为集中式供水水源区的条件为：地下水可开采模数不小于 10 万 $m^3/(km^2 \cdot a)$；单井出水量不小于 $30m^3/h$；地下水或经治理后的水质能够满足相应的国家标准。

（2）分散式开发利用区。以分散方式供给农村生活、农田灌溉和小型乡镇工业用水的地下水赋存区域。

3. 保留区

保留区是指由于水量、水质和开采条件较差，开发利用难度较大的区域。在保留区，虽然有一定的开发利用潜力，但不建议进行大规模的开采利用，而是保留可利用水资源。保留区还包括适合开发利用但作为储备未来水源的区域。二级功能分区如下：

（1）应急水源区。应急水源区指地下水赋存、开采和水质条件较好，但仅在突发事件或干旱时期应急供水的区域。

（2）储备区。储备区指地下水赋存和开采条件较好，但地表水能够满足用水需求、无须开采地下水的区域。该区域的地下水可以作为未来用水储备。

（3）不宜开采区。不宜开采区指由于地下水开采条件差，水质无法满足使用要求的区域。

5.3　权衡与决策

决策者要考虑开发利用和保护地下水系统的方案，确定最终目标和任务措施。评估程序为决策者开展上述工作提供了基础。除此之外，还可能涉及以下目标：

（1）地下水系统状况，包括地下水水位、补给和排泄情况、水质，以及系统保持含水层地质完整性的能力。

（2）可利用水资源的数量和可靠性以及水资源分配的目的。

（3）地下水系统与相关的地表水系统的持续相互作用，以及地表水系统的现状。

（4）对依赖于地下水系统的关键生态资产的维护。

情景分析和成本效益分析等工具使规划者能够考虑不同的开发利用方案，并评估各种指标的影响。鉴于地下水系统的复杂性，以及地下水系统对水文、生态、社会和经济的重要性，上述分析方法正变得越来越重要。

在制定地下水水量分配（5.4 节）和水质保护（5.5 节）相关的决策时，可以采用专门的程序。

虽然规划通常由相关政府机构制定和批准，但人们越来越认识到让所有的利益相关方通过协商程序参与到规划制定过程中的重要性（6.3 节）。理想情况下，大家应就地下水水体或含水层系统所需的优先服务达成共识。重要的是，协商过程中人们会充分认识到地下水及其质量状况，不采取管理措施会产生的后果，以及可能采取的管理措施。为适应当地的社会经济状况和行政能力，还需要适时调整规划。

每个地下水管理规划都需要针对一个具体的需要优先管控的含水层系统，通常包括以下要素：

（1）需求侧和供应侧管理措施，以实现地下水开采与补给之间的平衡，最大限度地避免对依赖于地下水的生态系统产生任何不可接受或不可逆转的损害。

（2）根据经济社会中的优先事项，确定地下水使用的优先顺序，包括在不同部门和不同目标之间分配水资源的方法，以及要在多大程度上为应急供水或未来发展预留水量。

（3）含水层补给区的污染控制措施，以此管理地下水质量退化的风险。

（4）利益相关方作用的确定。

（5）用以解决地下水管理和保护问题的控制措施和经济激励措施。

（6）和其他所有相关行业进行必要的衔接。

地下水管理规划的目标

根据澳大利亚昆士兰州水法案，应该制定水资源规划以推动水资源的可持续管理。规划可能适用于地表水、地下水或二者均适用。昆士兰州为本区域内大自流盆地（包括其他本区域内的含水层）的水资源规划设定了一系列经济、社会和环境目标。大自流盆地是澳大利亚最大的地下水系统（专栏 1.4-1）。规划目标包括以下内容：

（1）在以下结果之间达到可持续的平衡。

1）对于具有重要文化或生态价值的生态系统而言，要对支撑该生态系统的地下水补给进行保护。

2）保护取水权或其他涉水处置权的持续使用。

3）维持（如有可能增加）含水层中的水压，以确保钻井供水。

4）确保未来发展用水和相关的社会文化活动用水，包括满足当地居民和托雷斯海峡岛民的用水。

5）要求水井必须有与用水相应的水权和可控制的配水系统，以此鼓励水资源的高效利用。

6）推动高效水市场的运行，以及推动暂时性或永久性水权转让的机会。

（2）认识到由于取水和其他处置水的活动，含水层及地下水相关生态系统的状态已经发生了变化。

此外，规划还应包括以下几点：

1）确定尚未分配的地下水资源及其优先顺序，以及进行水量分配。

2）确定维持含水层水压的措施。

3）为地下水相关生态系统所受的影响作出限制（根据规划作出的决策不得导致水源含水层深度累计下降 0.4m 或更多）。

4）确定取水户获得取水许可的相关要求。

5）确定相应的机制，以确定地下水管理区，并设定获取取水许可的要求，以保护现有用水户和生态系统。

科卢萨县位于美国加利福尼亚州的萨克拉门托峡谷，2008 年制定的地下水管理规划涉及该县所有的含水层系统。该规划确立了管理目标（指导地下水管理的首要原则）、流域管理目标（可以通过科学手段收集的可测量参数）和行动计划（规定了管理地下水资源的具体行动）。该规划的目标包括：

（1）确保供水的可靠性。

（2）确保地下水的长期可持续性。

（3）优化地表水和地下水的联合使用。

（4）保护水权。

（5）维持对当地地下水的控制。

（6）防止地下水使用受到不必要的限制。

该规划确定的流域管理目标与以下内容相关：

（1）地下水水位。

（2）地下水水质。

（3）地面塌陷。

（4）地表水和湿地。

5.4　水量分配和取水管理

5.4.1　可利用水量评估

对可利用地下水量在不同的用水户之间进行分配是地下水规划的基本组成部分。这就需要首先确定地下水系统的可开采量，即在不造成不可接受的副作用的情况下，每年能够开采的地下水水量。

地表水和地下水系统相互密切联系，这意味着在制定水量分配方案时并确定地下水可持续开采量时，对水资源可利用总量进行综合评估，并考虑不同水资源之间的相互关系（图 5.4-1）。需要确定的内容如下：

（1）储存的地下水总量。

（2）可更新地下水量，即经过地下水系统的通量。

（3）地表水资源量。

（4）地表水系统的生态重要性，比如提供生态环境基流。

（5）地表水和地下水系统之间的重复量，需要注意的是，这部分重复量较大（图 5.4-1），从其中一种水源取水，将会显著减少另一水源的可利用水量。

（6）无法利用的地表水和地下水，比如无法控制的洪水（一般在地表水中），或者由于含水层的深度或特点无法使用的地下水。

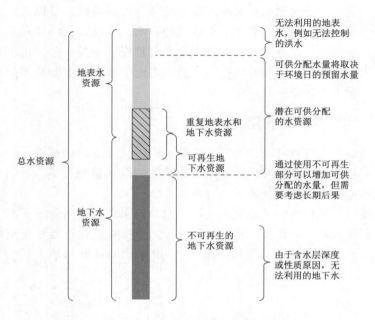

图 5.4-1　地表水和地下水之间的关系

可用于水量分配的水资源既包括地表水，也包括地下水。可分配地表水资源量的确定，是在地表水资源总量基础上，扣除不可利用的地表水（比如无法控制的洪水）和生态环境用水。若采取不同的方法管理不可更新地下水资源，则可分配的地下水资源量也会有所不同。

水量分配方案会对地下水均衡中的补给和排泄过程产生影响。在决策过程中，需要考虑上述影响。从地下水系统中取水可能会减少出流（比如流向地表水系统和地下水相关生态系统的水量）或侧向出流（比如流向地下水系统的其他组成部分）。从地表水中取水，比如从河道中取水灌溉，可能会减少对地下水的补给水量。

水量分配还需要考虑地下水系统水量增加的可能性。水量增加可能是有意为之的（人为地增加地下水补给量），也可能是偶然发生的（比如由过度灌溉导致的）。在分配过程中，为避免重复计算，要区分地下水增加的水量中，采用其他途径调入该区域的"新"水量，这部分水量会增加总的可分配水量。而用水导致的地下水增加量，已经成为当地水循环的一部分。

在评估不同分配方案对水均衡各组成部分的影响时，可以考虑地下水开发利用（和其他活动）对地下水水位的影响。如此，就可以保证水量分配决策与地下水管理目标（包括地下水水位目标）保持一致。也可以保证地下水水位处于相对安全的状态，不会因为地下水水位上升或下降对地下水用水户和生态环境造成不良后果。

5.4.2　地下水开发利用战略

有些地下水资源只有极少的补给量，极端情况下可以被看作是不可更新的化石资源。在全世界，很多地下水系统的取水量超过了总补给量，最终导致不可更新的那部分地下水储备枯竭。

水量分配过程的关键是否允许用水户开采不可更新的地下水。地下水开发利用战略差异很大，有的仅允许依据可更新资源进行水量分配（可持续开采战略，图5.4-2中的情景1），有的则允许开采地下水直至枯竭（情景3）。

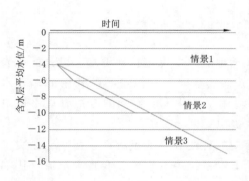

情景1：可持续开采战略
• 开采水量小于年度可更新的水量；
• 保留水量作为储备水量以供紧急情况或未来高优先级使用；
• 对地下水水位产生的影响有限，避免流入依赖地下水生态系统的水量大幅减少

情景2：混合开采战略/停止开采储备水量
• 早期的高强度开采量最终减少至年度可更新的水量；
• 加大利用储备水量将相应减少紧急情况和高优先级可使用的水量；
• 地下水水位的降低将显著减少流入依赖地下水的生态系统水量显著减少

情景3：开采储备水量战略
• 开采量超过年度可更新水量；
• 依赖地下水的生态系统将受到影响；
• 地下水资源枯竭之前应实施可行的调整计划

图 5.4-2　地下水开发利用战略选择

地下水开采枯竭是地下水分配和规划体系试图避免或纠正的一种状态，通过规划过程和管理水量分配，使得地下水开采量控制在可持续开采量范围内。但是，如果开采地下水直至枯竭的状态是规划好的，而且人们对地下水系统有很好的了解，对持续开采地下水即将产生的后果有广泛了解并能够接受（包括对地下水相关生态系统的影响），那么这类地下水取用行为从社会角度而言则是可持续的。我们需要充足的理由来接受这种安排，即短期效益要大大超过现在和未来几代人的长期效益。专栏5.4-1更

加详细地讨论了管理不可更新地下水资源的方法。

对不可更新地下水进行管理需要更加特殊的考虑，需要特别关注含水层系统的特征，以评估以下内容：

（1）在特定规划水平年和特定水井分布情况下的地下水可利用量。

（2）取用地下水对第三方和地下水相关生态系统的影响。

（3）含水层开发利用强度较大时，地下水水质可能发生的变化。

不确定性通常是无法避免的，但是，如果能对设计良好的项目持续开展监测，通过数据说明大规模开采利用地下水时含水层是如何变化的，人们对地下水资源的开采利用就会更有信心。同时，对含水层枯竭及其产生的影响进行综合性的经济社会评估也是必不可少的。需要考虑的因素包括以下几点：

（1）含水层储量可能用于的其他用途（现在和未来）。

（2）与地下水本身价值相关的其他价值。

（3）含水层枯竭之后会发生什么。

针对不可更新地下水资源管理还包括以下特点：

（1）将与大范围地下水枯竭相关的决策放在较高的管理层级。

（2）面对不断下降的地下水水位、可能下降的含水层储水量和可能恶化的地下水水质，发放有时间限制（或者可调整的）的取水权。

（3）通过精准计量、收取费用和颁布法规等手段限制低效用水。

（4）评估地下水高强度开采对传统用水户的影响，据此对已有权利可能或已经遭受的损害进行一定的补偿，确保高强度开采活动结束后，能够为已有权利预留足够多的水质可接受的水量。

利比亚大型人工河工程为开发不可更新地下水资源的相关问题和挑战提供了一个具有参考价值的案例。

专栏 5.4-1

不可更新地下水资源开发利用的管理

利比亚是世界上最为干旱的国家之一，位于地中海海岸边缘，年降雨量为 100~500mm；但从该国的撒哈拉区域到南部，降雨量不到 10mm。大多数人口居住在地中海沿岸，但是水资源不足以支撑 500 万人口的用水需求。因为沿海的地下水含水层补给量少，还面临海水入侵的危险。当地的地形和稀少的降雨量导致难以修建地表水库。在利比亚南部的撒哈拉沙漠，当地人烟稀少，用水需求小，而沙漠底下覆盖的是砂岩含水层系统，该系统储存了大量地下水，最深处可达 5000m，在利比亚、埃及、苏丹和乍得等国均有分布。

1984 年，利比亚大型人工河工程启动。该项目每年要从利比亚南部的努比亚砂岩开采 480 万 m^3 的深层地下水，通过 4000km 的管道输送到利比亚北部地区，其中不可更新水量占到利比亚供水量的 80%。

一个公认的事实是努比亚砂岩含水层系统中的地下水资源是不可更新资源，持续开采会使地下水水位下降，导致绿洲消失和抽水区域的地面下沉。最终，不断下降的水位和持续上升的抽水费用会使人们停止地下水开采活动。至于开采活动能够持续多久，不同评估给出的答案迥异，少的认为只能持续 50 年，多的认为基于各种因素可以持续更长时间。

综合采用不同的水资源管理战略会逐渐降低对持续开采地下水行为的依赖。从 20 世纪 60 年代起，脱盐技术使得其他水源成为适宜的替代方案，目前已经有超过 400 家脱盐工厂。循环用水和提高用水效率成为优先措施，还有一种趋势就是通过进口非必须在国内生产的农产品来降低农业用水需求。

5.4.3 确定可开采量和水量分配

基于以上步骤，可以确定以下内容（图 5.4-3）：

（1）可供分配的地下水水量。

（2）在不对生态环境和其他用水户产生不良影响的情况下（对水均衡要素和地下水水位产生的影响），可以利用的地下水水量。

（3）对于地表水和地下水的重复量，应注意不要重复计算。

（4）确定地下水系统的可开采量。

在可更新的可开采量之外，如果需要分配不可更新的地下水资源，那么应该确认额外的分配水量已超过了可开采量，并且只有在含水层储水量消耗殆尽时才能使用。在这种情况下，需要对规划进行调整。

地下水开采会导致地下水储水量发生变化，因此在可开采量的分配决策中需要对所有的后果加以考虑，比如流向河道的基流减少，流向湿地的地下水水量减少，以及可能产生的地面沉降。这些后果包括各种变化对环境、经济和社会产生的影响。预估地下水水流组成部分的变化仍然是一个技术问题，而了解地下水储量变化对相关地表水系统的生态、经济和社会价值的影响，则需要采用地下水评估领域之外的技术来解决。

总而言之，可持续开采量所表征的状态，是开采利用地下水的收益与其带来的环境、经济和社会影响之间取得最佳平衡的状态，这也是被认为是开采利用效益最大化的一个状态。因此，可持续开采量不是通过技术评估得出的解决方案，而是通过技术评估提供的信息进行政治决策后所达成的一个方案。

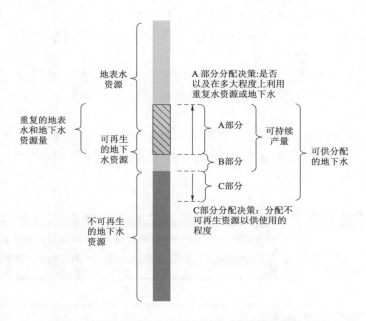

图 5.4-3　确定地下水系统可开采量的关键决策要素

5.4.4　确定可利用水量使用顺序

当可供人类使用的水资源量确定后，就需要通过进一步的分配过程来决定不同用水户使用水资源的优先顺序。分配过程包括决定分配多少水量用于"常规"用途，预留多少用于战略目的（例如用于未来发展）或应急供水（例如发生干旱时或其他情况引起的水资源短缺问题情况）；以及地表水或地下水是否能够最大限度满足这些需求。水量分配过程还需要决定水量在不同的常规用水户之间应该如何分配。同时，也要考虑对于不同的用途而言，地下水供水和地表水供水哪种更为合适。

　　在确定不同类型的水源应该如何分配、用于不同用途时,应考虑地下水和地表水之间的显著差异。作为一种分布广泛、通常情况下水质良好、可靠性高且能够适应气候变化的资源,地下水非常适合作为生活用水的水源。同样基于上述原因,出现水资源短缺情况时,地下水非常适合作为应急供水水源。因此,通常将地下水分配用于生活用水,或是作为战略用水储备。

　　9.5 节详细讨论了确定不同用水户水权的方法。

　　总而言之,在进行水量分配时,可以综合考虑以下目标:

　　(1) 维持水文循环。

　　(2) 在人类用水需求和生态系统用水需求之间寻求平衡。

　　(3) 在人类常态化用水需求和战略用水及应急用水需求之间寻求平衡。

　　(4) 优化可利用水量在不同用水户之间的分配方式。

　　图 5.4-4 展示了水量分配过程的不同环节以及相应的水量分配目标。

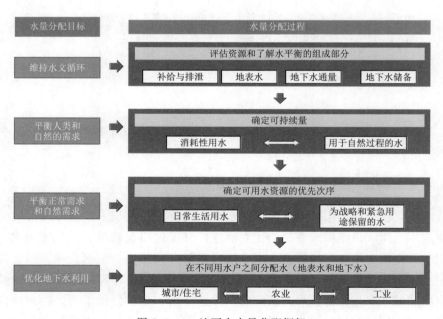

图 5.4-4　地下水水量分配框架

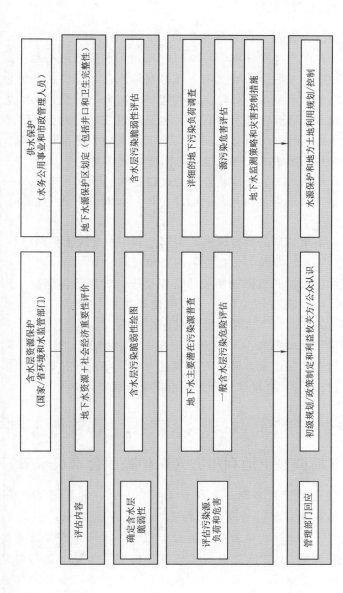

图 5.5 - 1　不同尺度地下水污染危害评估程序和应用

5.5　地下水水质保护

地下水污染的表现过程通常较为隐蔽，而水质修复代价又十分昂贵。其隐蔽体现在，在取水井发现水质污染时，离地下水受到污染已经过去很多年了，想要预防严重污染为时已晚。其昂贵体现在，提供替代的供水水源和修复被污染的含水层都需要较高的费用。事实上，将受污染的地下水修复至符合饮用水标准通常是不可行的，也是不现实的。对公共供水、工业生产、陆地生态系统和河道基流而言，地下水是非常重要的水源，因此为满足现状和未来用水需求，保护地下水水质非常必要。

总体来说，地下水规划中水质管理的过程通常包括以下几点：

（1）诊断地下水水质目前存在的问题，评估盐碱化方面的威胁，评估地下水污染风险。

（2）确定地下水补给的关键区域，特别是利用水井取水的区域。

（3）确定地下水污染源，包括点源污染和面源污染。

（4）确定水质保护的目标和相关的管理措施。管理措施包括：限制打井和限制取水；控制现有污染源；预防可能产生的污染源；限制土地利用，土地利用方式应与地下水系统管理目标相协调。

不同的管理尺度可采取不同的评估程序和管理措施（图 5.5-1）。对于向城市供水的含水层而言，通常需要制定更加详细的评估程序，采取更加严格的控制措施。第 10 章详细介绍了水质规划程序。

专栏 5.5-1

巴巴多斯调整土地利用方式保护脆弱含水层水质

位于加勒比海的巴巴多斯岛面积为 430 万 km^2，其岛屿下方是 $30\sim90m$ 厚的珊瑚石灰岩地层，涉及范围约为 86% 的陆地面积；剩余 14% 的面积上覆地层为不透水的海洋页岩和泥岩。在岛屿南部和西部的珊瑚石灰岩中，地下水在地下 $3\sim20m$ 处以淡水透镜体的形式出现，在石灰岩内部的其他地方，地下水以非常薄的所谓"薄水"形式存在，最终排泄至淡水透镜体中。该岛的平均降雨为每年 $1200\sim2200mm$，预估其中 $250\sim600mm$ 下渗补给地下水系统。

巴巴多斯的居住人口约为 28 万人，其中 40% 居住在首都布里奇顿。因为人口增长缓慢，所以住宅和商业场所的发展也较为稳定。巴巴多斯水务部门管理着 24 处地下水水源，每天为 10 万人供应约 15 万 m^3 的水量。其中最重要的两处水源修建于 1925—1945 年，分别是位于东南地区的贝拉流域和西南地区的汉普顿流域，含水层面积为 50~60km^2。巴巴多斯在公共供水中尽可能多地使用地下水，以尽量减少使用淡化的海水（海水淡化厂建于 2000 年，是一个备用水源），因为海水淡化厂的运营成本和能源消耗要高得多。同时，地下水水源的开采活动受到严格控制，以避免造成任何形式的海水入侵。自 1990 年以来，每天开采 12 万~15 万 m^3 的地下水，其中 60% 来自贝拉流域，大部分供布里奇顿的商业和住宅区，以及南部沿海酒店和旅游业等发展较快的地区使用。

早在 30 多年前，巴巴多斯政府出于地下水水质保护的目的，设立了特别的开发控制区，以减少城市发展可能对地下水水质产生的影响。当时政府主要担忧的是，在贝拉流域的南部建设了大量没有集中排污系统的住宅和商业地产。最为头疼的是，冲厕废水和商业废水直接排入渗水坑。郊区的人口密度为每公顷 30 多人，但地下水中的氮浓度达到甚至超过 25mgN/L。地下水中除了氮浓度较高外，致病污染物和可溶解物、油等其他污染物的含量也较高。

污染控制的第一步就是对整个岛进行水文地质分区，重点关注公共供水的水源。根据地下水流动到供水水源的时间，将全岛分为 5 个地下水水质保护区，针对每一区域都设有一系列限制开发的活动。对大多数区域而言，这些措施成功减少了城市化带来的污染，这些污染通常是由现场环境、商业活动和储存油罐造成的。

巴巴多斯历来具有大面积种植甘蔗的传统，永久性牧场的面积非常有限。从 20 世纪 80 年代起，政府出台政策推行多种农业，鼓励发展园艺。每公顷甘蔗每年从化肥中吸收的氮为 150~180kg，但由于作物种植的间距密集，且甘蔗根系发达，因此只有在强降雨事件后，氮元素才会入渗地下水中。因此，在人口密度较低的农村甘蔗种植区，硝酸盐浓度不超过 6mgN/L。种植甘蔗也会大量使用除草剂（包括阿特拉津、草甘膦、百草枯和辛酸盐），但除草剂对地下水带来的风险通常很难评估。总的来说，与甘蔗种植相比，园艺种植产生的污染风险更大，是因为营养物和杀虫剂都会渗入地下水。由于园艺种植的化肥和农药使用量大，当出现淋滤现象时，土壤在重要时期需要休耕。在开发控制区，没有对园艺活动进行控制，现在认为这是一个管理缺失。

5.6　规划实施、监测和评估

地下水管理规划一般通过年度预算的方式有计划地分期实施。通过协商一致的体制机制，比如地下水用水户协会定期召开管理进展会议，确保利益相关方能够持续参与地下水管理。实施地下水管理规划通常需要加强机构之间的联系、筹集大量投资、采用地下水开发或保护措施、完善对含水层的监测、加强公共信息宣传、开展能力建设等。同时，有必要加强不同部门、不同行业之间的协调，在农业和工业发展规划中加强对地下水的考虑。

在实施地下水管理规划的阶段，随着对地下水系统认知的不断深入以及周围环境的变化，也需要对地下水管理规划作出一些灵活调整。地下水状况的指标（比如在重要监测点预先设定好的地下水水位或水质）可以作为地下水水体状况的"晴雨表"，有助于采取适应性管理策略。有些含水层系统对外界压力变化的响应速度较快（3~5 年），但储量较大的含水层系统的响应速度会慢得多，尤其是水质方面。

处理地下水数据是规划实施过程中的重要组成部分，包括以下四项主要任务：

（1）采集必要的野外观测数据。

（2）存储、处理、解译和分析数据。

（3）在利益相关方中分享数据。

（4）解译结果并将其转化为相关的信息，用于地下水管理规划的制定，以及在未来对规划进行调整，以满足可持续发展目标。

上述任务通常是地下水管理机构的责任，有时当地利益相关方（地下水用水户）也会在某些问题上直接协助地下水管理机构。必须要系统连续地开展地下水监测工作，因为碎片化、随意的观测工作无法为地下水管理提供坚实的技术支撑。

规划的实施应该考虑综合使用一系列政策方法，主要包括以下五种工具：

（1）强制性和控制性措施，比如监管标准、许可证和管理区，这些工具旨在通过国家干预来改善目标群体的行为。

（2）经济措施，比如税收、补贴或水市场。对可能采取的行动而言，经济措施会影响成本和收益，从而会影响实现既定目标所采取的微观经济选择。

（3）合作协议旨在通过采取非经济激励措施，加强不同地下水用水户之间的合作。

（4）交流和传播措施，通过传播信息来影响个体的认知、态度和动机，以及影响他们的决策（比如个体对水的使用）。

（5）基础设施措施/投资，即公共部门用于加强地下水管理的投资措施，比如地下水回补。

第 6 章

地下水管理的保障性措施

本章描述了良好的治理环境对开展和实施地下水规划与管理的重要性，包括有效管理地下水系统的框架和指导原则等。关键信息如下：

（1）通过诊断评估来确定现有治理环境的不足或缺陷。

（2）在管辖范围内整合支撑地下水管理的体制和法律架构，明确具体角色和职责；围绕水资源所有权等根本性问题制定法律，以支撑有效的水资源规划和管理。

（3）跨行业的经济措施（例如补贴）要与水资源管理目标相协调，且要明确界定其角色和职责。

6.1 保障性措施的主要内容

自 1974 年以来，开采利用地下水带来了巨大的社会经济效益。在南亚、中国北方和美国北部地区，地下水已经成为集约化灌溉农业的重要基础。在全球范围内，地下水也成为城乡居民饮用水的重要水源。更为重要的是，当地表水因为干旱或污染枯竭时，地下水还是可依赖的战略储备水源。

然而，地下水资源的开发利用非常迅速，为保护现有用水户和地下水相关生态系统的分配水量，采取了相应的调节措施，但这一措施滞后于地下水资源的开发利用。此外，地下水的人为污染压力在量级和复杂性上都大大增加。因此，地下水出现了资源耗竭和水质恶化等主要问题，部分宝贵的地下水资源及其相应的生态系统可能会退化，自然环境可能受到不可逆转的破坏。

在地下水管理和保护方面普遍存在的能力不足本质上是一种治理危

机。地下水治理是为了追求发展、可持续、公平与效率等社会目标而进行的资源总体管理，包括有利框架和指导原则等。管理措施包括控制地下水取用和预防水质恶化的行动，主要目标是保证可持续的淡水供应和维持生态系统。虽然地下水治理属于整个水资源治理的一部分，但地下水系统特有的性质决定了其特殊的治理要求。世界上许多地方关于地下水治理的规定还很欠缺。

完善的地下水治理体系有以下4个基本组成部分：

（1）背景与意识：强化地下水治理的需求，会因当地情况而有很大差异。对某一含水层系统而言，需要采取的行动受水文地质环境、开发利用水平和宏观经济利益平衡等要素的影响。一个必备前提条件是加强知识基础和提高公众及政府意识。

（2）制度框架：政府要确定牵头的国家部委和地方机构，这些单位需要具体的法律授权和职责来开展行动。随后的优先事项是建立所有利益相关方参与的机制，就管理措施和目标达成共识。在实施方面，为实现政策的一致性，需要建立跨部门联动机制。

（3）经济政策：要对地下水使用和地下污染负荷产生的经济驱动因素进行关键评估，要识别现有宏观经济政策中不合理的补贴，并引入有效的微观经济奖励措施，以帮助改变那些地下水使用者和污染者的行为。

（4）政策及规划要素：这些是对管理规定是否充分的最终检验，其中包括第5章中所讨论的为具体地下水水体或含水层系统所编制的详细管理规划。

地下水管理中典型的治理缺陷和良好地下水治理的要素见表6.1-1。

表6.1-1　　地下水管理中典型的治理缺陷和良好地下水治理的要素

典型的治理缺陷	良好地下水治理的要素
（1）政府机构领导责任不明确； （2）缺乏对长期风险的认识； （3）缺乏对资源及其状况的了解； （4）法律制度不足； （5）利益相关方参与不足； （6）与相关国家政策不协调	（1）对地下水系统有准确和普遍认同的理解； （2）保障政府管理地下水的有效法律制度； （3）国家层面和地方层面的地下水管理机构，得到相应的政府授权，拥有履职所需的权力、人员和财政投入； （4）促进及培育利益相关方参与的机制； （5）共同管理地表水和土地利用，并与相关部门（如城建、农业和能源）协调配合解决问题和风险； （6）基于可靠的科学证据，组织实施和细化优先管理行动规划的方案

6.2　加强地下水管理和治理的前提

地下水在资源潜力、枯竭敏感性和污染脆弱性等方面表现出很大的空间差异性。所以，尽管地下水分布十分广泛，但实质上却是一种本地资源。因此，在评估地下水治理方案是否有效、到位时，关键是要深入到地方（省或区）一级，因为这是大多数（虽然不是全部）地下水体赋存的地方，也是水井的实际使用者和含水层潜在污染者活动的地方。

强化地下水治理有以下 3 个前提条件：

（1）通过详细评估地下水可持续性和管理等方面面临的挑战，全面理解地下水治理的背景。

（2）对现有治理规定的不足以及过去管理措施的失败进行关键诊断，实现地下水可持续发展。

（3）提高广大利益相关方关于地下水可持续性问题的政治和公众意识。

6.2.1　理解背景

地下水管理措施和支持这些措施的治理规定，需要根据具体目标、社会期望及可持续发展挑战进行调整（这些挑战已在 2.4 节中有所描述，第 5 章讨论了设定具体目标的有关内容）。

一般来说，经济社会对地下水的依赖程度越高，就越需要有效的地下水管理，以及在此基础上建立起来的治理平台，但也会给政策制定和实施的政治经济部门带来更多挑战。考虑到地下水的经济重要性，对地下水治理的改善，以及支持地下水管理方案的有关财政规定，不同的利益集团可能持抵制态度，也可能持支持态度。同样的问题也会出现在污染控制方面。

经济增长率，特别是城市发展、集约灌溉农业和大型采矿企业的增长率，将给地下水治理带来特别的挑战。这里必须要强调地下水在更广泛更大规模经济背景下的重要性，因为增长率对及时采用可持续的地下水配置方案有着重大影响。因此，作为地下水治理的一部分，必须要明确与这种较大经济发展政策之间的重要联系。宏观经济环境不可避免地会影响利益相关方的观点，并且限制可用的治理项目选择范围（亦有水文地质环境差异的原因）。

6.2.2　开展治理诊断

初步诊断是一种系统总结治理规定的现有状况和相关管理措施成效，并识别其关键差异和不足之处的方法（表 6.2 - 1）。它通常是针对一个或多个具体的当地问题而进行的，包括以下内容：

表 6.2 - 1　　　　　　　地 下 水 治 理 诊 断

对　　　象	诊 断 问 题
参与者和利益相关方	（1）哪些参与者在地下水治理和管理中发挥作用； （2）他们中是否有人被正式委任为地下水管理的领导者； （3）政治领导对地下水的兴趣和能力是什么； （4）领导机构是否有足够的能力、预算、支持和知识来履职； （5）地下水管理涉及哪些类型的利益相关方； （6）利益相关方之间的合作是好的、合理的还是差的
法律框架	（1）是否有支持地下水管理的具体法律； （2）这些法律解决哪些方面的问题：所有权、取水还是污染； （3）这些法律法规在实践中有多大效果
政策与规划	（1）所关心的地区是否有关于地下水管理的具体政策； （2）是否针对所关心的地区或含水层制定了地下水管理规划； （3）地下水管理规划是否与地表水和其他领域政策相协调； （4）公共财政是支持还是削弱地下水可持续利用
信息和意识	（1）地下水系统在多大程度上得到了科学评估； （2）在水位、取水、水质等方面有哪些监测数据； （3）哪个机构负责数据的获取、管理和发布； （4）该机构是否有得力员工、足够预算和其他手段来完成其工作； （5）地下水数据和信息是否可以公开获取
当地背景	（1）哪些问题已经确定为地下水管理的挑战； （2）该地区地下水的水文地质环境及重要性是什么； （3）地下水利用与管理处在什么发展阶段； （4）大城市是否希望在地下水治理或管理方面发挥特殊作用； （5）是否存在跨界地下水问题； （6）更大规模的经济发展是否会影响地下水

（1）所有相关参与者和利益相关方简介：如私营和公共部门中的地下水使用者与潜在污染者。

（2）评价制度框架：关于领导部门和机构、法律框架以及政策与规划的制定程序。

（3）知识基础评估：确定是否有足够的基础信息和监测基础设施，来制定管理措施并评估其影响。

（4）地下水问题的政治经济学评价：对宏观和微观经济驱动因素有清晰的认识。

治理诊断结果应该指明加强地下水治理的关键路线，并被视为改革的触发器。然而，地下水治理规定的成效将不可避免地与国家整体治理的健全程度和政治领导的参与水平有关。

重要的是，健全的含水层管理需要良好的数据基础，并且需要投入大量资金来收集所需的数据。广义上，可分为以下两种类型的信息需求：

（1）水文地质构造：影响含水层和隔水层的分布，并决定地下水的流态（第7章）。

（2）系统监测：生成地下水水位、抽水量、地下水水质等长序列数据。

6.2.3　提高政治站位

领导能力对于地下水治理至关重要。这种领导能力要求同时具备构思行动计划的远见卓识，又包括实施该计划的能力。强有力的领导能力少不了政治支持，而提升政治支持则需要与相关政治实体和个人进行深思熟虑且有针对性的接触。

整个过程的领导可能来自多个渠道，包括供水公司主管和社区环保人士。但更为常见的是，水资源管理机构需要获得法律授权，以承担改善地下水管理的职责。

大多数人以不同的方式依赖地下水，但即使在当地，也很少有人对其特性和脆弱性有充分的认识。因此，提高认识是地下水治理的关键前提条件。提高认识需要坚定的行动，并且必须针对具体的利益相关者才能有效。尽管只有少数几个国家开展了这类认识提升活动，但事实证明，其在培养新的拥护者和说服利益相关者采取必要的行动方面，是非常有效的。

6.3　制度架构

制度是地下水治理的核心，为地下水管理提供有利环境。在利益相关方看来，有效的制度应该是合法的、有包容性的，并且有可信的、可检验的承诺。加强地下水治理是一个循序渐进的过程，包括以下几个方面：

（1）反应迅速的机构设置：具有政策制定、公共行政规划和执法能力：机构从部级层面（作为所有自然资源的管理者）到地方政府（操作层面）均有分布，必要时还要设置跨行政区域的机构。

（2）有效的地下水法律法规：将资源利用与潜在污染活动控制在合理的水平。

（3）利益相关者参与平台：用于私营部门和政府部门的长期参与，培养对社会负责的态度和行动，共用相关资源。

（4）建立地下水问题的跨部门协调程序，以便在相关部门的政策中充分解决这些问题。

（5）制度安排必须适合当地情况，并适应变化和不确定性。鉴于水文地质和社会经济背景的广泛多样性，地下水治理没有"放之四海而皆准"的办法。

典型的政府机构地下水管理职能安排如图 6.3-1 所示。

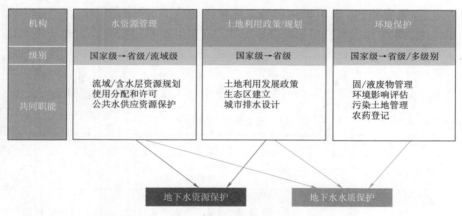

图 6.3-1　典型的政府机构地下水管理职能安排

6.3.1　政府领导机构

在促进地下水有效治理方面国家层面的领导至关重要。同样，由于省级或地方层面接受委派，承担着日常执行管理的责任，所以其相应管理任务的权限也至关重要。国家层面的领导权通常是通过环境或水资源管理机构内成立国家地下水小组来确保从国家到地方层面的纵向一体化管理。理想的制度架构中，还应该包括可能影响地下水的其他部门和机构的横向协调。

国家层面的主要职能是调动足够的资金，为议定的需求方/供应方管

理和污染控制措施提供经费，并确保地下水管理的法律框架行之有效。地
下水法规的制定需要一支训练有素的水法专家队伍作为支撑。政府机构不
能单独管理地下水，必须将资源管理和水质保护视为公共行政部门和地方
利益相关方之间的合作倡议。根据当地的水文地质和社会经济情况，强制
监管和授权责任之间的平衡也会随之不停演变。

在某种意义上，将监管职能（授权和收费）从管理职能（资源评价、
可持续发展规划、数据管理和公众意识提升）中分离出来是可取的，但这
在实践中可能会面临一定的挑战，因为管理人员的任务会变得较为繁重。

水资源管理和环境质量保护由同一个国家部委和地方机构管理是可取
的。如果这无法实现，那么建立一个明确的机制来确保不同机构之间密切
合作将至关重要。

地下水是水资源综合管理的一部分（由于地下水是大多数河流的基流来
源）。理想情况下，流域机构应该对流域内的地下水资源负责，但实际上流
域机构主要关注宏观层面的地表水管理，而且其授权职能和能力往往不允许
其充分考虑地下水问题。因此，有必要建立机制，使得流域机构和地下水管
理机构之间紧密配合，以促进资源的联合管理（表 6.3－1）。比如，确保将
地表水分配给农业灌溉，以节约深层地下水作为城市供水的战略储备。

表 6.3－1 地下水管理：机构层级

机　　构	管辖权	作　　用
国际含水层管理局	国际/国家间	（1）共享含水层管理战略规划； （2）决策影响国家层面
国家水务局或部级协调委员会	国家	（1）决策、规划和协调； （2）确保不同部委和机构之间在最高政治级别的协调； （3）制定空间土地利用规划方案或战略的水资源综合管理； （4）在地方当局、含水层管理组织和用水组织的协调程序； （5）钻井工、钻井和地下水开采许可证； （6）控制点源和非点源地下水污染； （7）水务部门投资资金分配
流域管理局	流域/子流域	（1）协调与地表水流域相连的所有含水层的开采； （2）干旱与紧急情况管理义务； （3）控制和保护政策的定义； （4）人工蓄水层补给作业的控制； （5）控制点源和非点源地下水污染

续表

机　　构	管辖权	作　　用
含水层管理组织	含水层	（1）含水层开采和利用技术参数的设定； （2）提高对含水层保护的认识； （3）制定含水层综合管理及监测方案； （4）与上级机构和用水协会的协调； （5）制裁程序
用水协会	地方	（1）与市政供水、污水、卫生、大小面积灌溉及家庭供水系统的管理； （2）参与制定地下水指南； （3）制定地方政策建议和地方规则； （4）代表当地用水者向国家水务局提出与地下水资源管理相关的主题； （5）监控政策和管理计划的实施

6.3.2　适当的法律规定

法律和法规是地下水治理的基本组成部分，是确立长远目标以及为实现这些目标制定的制度框架。这些法律法规必须包括以下基本内容：

（1）公众监护权，认可地下水是一种天然的公共资源。

（2）设立凿井和开采地下水（有可能限制使用）许可权，并针对许可权收取资源费。

（3）通过禁止在特定区域开展某些活动或要求采取特别的预防措施等方式，控制可能对地下水产生影响的点源污染。

（4）所有用水户之间地下水数据的透明度，包括私人和公共用水户。

（5）考虑地下水保护需求对地下空间使用的限制。

需要将地下水纳入公众监护，使国家能够分配地下水使用权，并根据社会目标调整地下水开发利用行为。这需要转变观念，传统管理假定私人土地所有者有权从其土地下方获取和抽取地下水，因此这一做法可能面临来自既得利益集团的重大挑战。

理想的地下水管理制度应建立在极其准确的水文地质信息的基础上，但在实践中，管理框架必须适应科学上的不确定性和不断变化的环境，因此：

（1）地下水开采或使用权不应该是永久性的，而应定期调整（或者权利是永久的，但根据具体条件可以对总水量的分配比例进行调整）。如果发现这些授权造成了环境破坏，则允许终止这些授权。

（2）虽然在水资源规划过程中减少地下水水权对社区来说是有困难

103

的，但如果规划需要，应当通过法律来减少地下水水权。

一项重大挑战是确保遵守水权。在参与的基础上，自我监管或共同监管通常是自上而下的机构监管的必要补充。

同样，地下水点源污染也必须加以控制，化学品储存、废水排放和其他各种可能造成污染的活动，均需申领许可证。地下水面源污染需要通过其他政策加以处理，而这些政策需要跨部门之间的协作。

信息对地下水管理至关重要。应考虑采取措施，要求地下水使用者分享其关于资源及其使用的数据。地下水的有效治理不仅需要合适的法律法规，而且需要所有利益相关方的一致实施和执行。在这种情况下，政府官员协助、引导当地用水户和潜在污染者将法律规定内化于心的能力，对治理措施的最终效果至关重要。

专栏 6.3 - 1

基于行业的地下水管理融资

自 2009 年起，澳大利亚昆士兰州苏拉特盆地煤层天然气得到迅速开发。到 2020 年，已经建造了大约 10000 口煤层天然气井，预计总数最终将翻一番。煤层天然气井位于含有煤层的地质构造上，煤层天然气生产涉及排水，以降低煤层中的水压，从而使天然气从煤颗粒中分离出来。随着水压力的逐渐降低，流入煤层天然气井的水量减少，气体量增加。煤层天然气的生产导致了含煤地层水压的普遍降低，并对上覆地层中的含水层产生了一些重要影响。预计在整个行业的生命周期中，将有超过 500 口水井受到影响。

昆士兰政府引入了一个法定管理框架，要求煤层天然气公司评估短期和长期影响，通过提供替代水源，或采取其他水井所有者一致同意的措施，来减少水井供水量，并以 3 年为周期进行监测和报告。然而，在主要开发区内有多个毗邻的煤层天然气项目，其影响是相互重叠的，在该区域确定了一个"叠加管理区"。在这一区域内，各公司评估、报告影响和设计监测站网等方面的责任，将由一个独立实体（地下水影响评估办公室）取代并在区域基础上代为实施。

通过法定授权，地下水影响评估办公室可以向煤层天然气公司征收税费，用来支付该办公室开展相关活动的费用。每年征收的税费，以满足地下水影响评估办公室下年度的工作计划需要为准。地下水影响评估办公室设有一个开支咨询委员会，由煤层天然气行业成员和社区成员共同组成。煤层天然气行业委员会成员的关注点在于，要确保筹措的经费仅用于地下水影响评估办公室的法定职责上，且地下水影响评估办公室的工作计划是合适的。委员会中社区成员的关注点在于，确保不能因为要减少支出而限制地下水影响评估办公室的工作计划。

这项经费安排已成功运作了约 10 年。尽管最初有一些社区担心，由于所有成本都由煤层天然气行业支付，行业可能会施加影响，从而限制地下水影响评估办公室的工作计划。然而，随着时间的推移，人们越来越相信通过采取法律框架和协商措施，能够确保有足够可靠的资金来保证适当活动的开展。

6.3.3　系统利益相关方参与

全球经验表明，地下水管理和保护中不可避免地需要进行权衡，利益相关方的积极参与有利于成功地进行权衡，同时也有利于协调个人行为和社会共同目标达成一致。良好的地下水治理应为规划和管理目标达成一致而提供平台，包括针对含水层可开采量的协商。

因为地下水与供水、粮食生产、土地利用、生态系统、能源生产和消费、采矿活动和地下工程均有关联，所以地下水的利益相关方很多。其中，私营部门尤其重要，因为多数的地下水使用和污染都与私营部门的行为有关，规模从个体农业用水户到大公司不等（它们的态度将受到公众看法和股东压力的影响）。在地下水管理中，利益相关方参与及协调的过程，以及考虑的内容详见表 6.3-2。

表 6.3-2　　地下水管理——利益相关方参与及协调过程

步骤	目标	行动	成果
构思	（1）利益相关方； （2）经过广泛认同的工作范围	（1）利益相关方识别与分析； （2）问题分析； （3）初始构思与情景构建； （4）确认优先管理区域	（1）利益相关方平台； （2）问题树； （3）地区层面初始构想； （4）初始情景
评价	（1）主要水问题成因； （2）建立信息共享机制	（1）参与信息收集与分析的利益相关方；水质管控与复核； （2）责任与权利评估	（1）水资源、基础设施需求与来源分析； （2）临时数据库； （3）社会学分析（权利、收益与职责等）

续表

步骤	目 标	行 动	成 果
策略拟定	为纵向和横向一体化行动规划创造共同基础	(1) 更新构思与情景； (2) 构建宏观战略； (3) 评价，验证情景/战略的组合； (4) 选择重要情景以及相应策略； (5) 确定活动的优先次序； (6) 确定决策模式	(1) 水资源评价报告； (2) 社区或地区的水情表； (3) 水资源综合管理的最终愿景、方案和策略
规划	制定详细的协同行动计划并编制预算和达成协议	(1) 规划社区和省级的活动； (2) 确定任务和责任； (3) 确定信息流； (4) 准备项目建议； (5) 确定监测和评估计划； (6) 获取资金	(1) 项目建议书日志框架； (2) 资助社区、地区和省的水资源综合管理项目提案
实施	按照计划以透明、高质量以及协调一致的方式开展活动	(1) 实施活动； (2) 提高认识； (3) 招标透明； (4) 能力建设； (5) 信息共享； (6) 质量控制	(1) 已取得的成果； (2) 能力建设； (3) 改进的信息库
反思	(1) 记录的实施过程； (2) 监测的成果； (3) 从之前的规划周期中吸取的教训	(1) 记录过程； (2) 监测与评价； (3) 学习与反思	(1) 过程报告与视频； (2) 评估报告； (3) 得出的结论是对下一个规划周期的有效输入

　　利益相关方的参与需要地方政府机构的支持，最好有计划地开展、有针对性地沟通和提高认识。最重要的是，可持续、公平和高效的地下水管理需要公共机构和私营利益相关方之间开展合作。

　　利益相关方的参与需要得到法律的认可。应授予地下水管理协会正式的法律地位，协会应包括尽可能广泛的利益方，理想情况下应由公共财政支持，以便为协会设立办公场所、聘请专家为潜在的纠纷提供技术咨询，并获得能力建设的机会。协会可能在地方层面承担某些公共事业职能（例如取水量计量、制定水井建设或使用政策、鼓励大家自愿遵守规定等）。在地下水或环境方面的立法中，应该作出相应规定，要求就地下水开发利用项目和可能对地下水产生影响的项目（例如碳氢化合物钻探、采矿活动、废物处理设施和主要城市建设等），开展利益相关方咨询和协商。这种安排增加了地下水管理制度框架的稳定性。利益相关者的参与最好围绕具体的地下水体或次级流域进行，因为这为他们的参与提供了具体的重点和可衡量的结果。

所有利益相关方之间的信息透明度，是参与式和合作式地下水治理与管理的重要组成部分，应包括有关合法水井用水户及其使用、废水排放许可证和地下水资源及质量状况的最新信息。

6.3.4　跨界含水层处理

跨国际边界的地下水系统（在大型联邦制国家中为跨州或跨省含水层系统）是一个特例，其管理需要不同行政辖区和相关机构之间的合作。近期，全球层面提出了一些可以采纳的规则，包括《联合国跨界含水层法条款草案》和全球环境基金国际水战略等。

最佳实践方式是以国际流域合作为先导，以专业合作、信息交流和共同发展基础知识储备为起点，继而开展合作项目，最终达成管理协议。在一些地区，针对具有战略意义的具体含水层系统的合作研究已经沿着这条路线启动实施。

专栏 6.3 - 2

管理跨界含水层：南美洲瓜拉尼含水层

南美洲中东部地区瓜拉尼含水层系统覆盖面积 110 万 km^2，储水量高达 3 万 km^3，是世界上最大的含水层之一。该含水层位于 4 个国家（巴西、巴拉圭、乌拉圭和阿根廷）的人口密集地区，这些地区需要不断地增加地下水抽取量，来满足城市供水（80%的抽取量）、工业使用（15%）和地热温泉使用（5%）。虽然含水层大部分地区的水质被认为非常好（超过90%是可饮用的），但是快速的城市化和大量的林地转为种植大豆，已经引起了人们对径流污染的担忧，这些径流会在裸露地区补给到含水层中，从而引起水质恶化。然而，由于大多数含水层系统几乎没有直接补给，也就几乎没有人为污染的风险（保存管理不当或废弃的井），但任何抽取的地下水都被认为是不可再生的。

对含水层保护的日益关注（特别是边境地区），促使这 4 个国家的科学家、社区居民和利益相关方从 2002 年开始组织和游说推进全面的含水层管理，并已发展成为资金充足的倡议行动，以制定和实施旨在实现信息共享、管理和冲突解决的多国协议。瓜拉尼项目（2002—2009 年）就是其中一个项目，它由美洲国家组织管理，由全球环境基金资助，增强了对瓜拉尼含水层系统水文地质情况的认识，绘制了社会经济压力图，并分析了对地下水相关生态系统的影响。在"适当的技术、科学、制度、法律、经济和环境指导"的基础上，历时近十年的谈判和合作进程，最终在 2010 年达成《瓜拉尼含水层协议》，该协议被认为是世界上第一个涵盖主要跨界含水层的协议。在此期间，尽管正式谈判偶有中断，但利益相关方之间的网络得到了加强，从根本上把 4 个国家联系在了一起。

与许多国际环境协议一样，《瓜拉尼含水层协议》并没有引起特别明确、精确或规定性的共鸣，也没有保证执行的条款。然而，它仍被誉为一个成功的协议，因为它是由利益相关方达成的协议，而不是因为资源日渐稀缺引起冲突加剧造成的。此外，该协议将国际上普遍接受的、通常用于地表水的跨界水资源规则，纳入到了一般管理框架中。这些规则包括进行合作而不对邻国造成重大损害的义务、公平合理地使用共享水资源的义务、监测含水层和交换信息的义务，以及对事先告知可能造成重大危害的计划活动和开展环境影响评估的义务等。为实施该协议和协助解决争端，还设立了一个委员会，但该委员会只能提供无法律约束力的建议，而不具有仲裁争端的法律授权。

《瓜拉尼含水层协议》于 2010 年通过后，4 个国家在 8 年多的时间里都没能批准该协议。虽然乌拉圭和阿根廷在 2012 年批准了该协议，但巴西直到 2017 年才批准。巴西境内的瓜拉尼含水层系统由 8 个州共享，根据巴西法律，这些州是当地地下水资源的唯一仲裁者。除其他因素外，优先事项不同的州需要彼此协商，可能是推迟批准该协议的原因之一。然而，随着巴拉圭于 2018 年 4 月批准了该协议，这表明为可持续管理含水层系统而加强跨国合作的潜力是很大的。

6.4 经济条款

6.4.1 宏观经济政策衔接

尽管地下水对社会经济发展和供水安全具有重要意义，但许多国家的公共支出仍不足以支持地下水管理，而且在许多情况下，这可能是不可持续发展和不公平资源分配的重要原因。跨部门财政资源失调的结果，会导致过度开采地下水以及增加地下污染负荷。例如，某些地区会对特定的高耗水农作物进行价格保证，或是对水井抽水给予能源补贴，在采取这些措施时，并不会考虑地下水使用的不可持续或不公平问题。

如果把主要公共财政改用于奖励措施，比如减少地下水的消耗性利用，通过土地管理增加地下水补给，改善地下水监测为管理提供更可靠的信息，就可以取得更好的地下水管理成效。因此，必须对地下水资源的宏观经济政策影响进行全面评估并进行政策调整，为地下水的可持续利用和含水层系统的保护提供奖励措施。

地下水管理面临的一个重大挑战与资源的分散性和大量的小型取水户有关。提高小型取水户对取用地下水行为的认识和理解，并在大范围区域内对庞大数量的取水户进行管理、监测和执法，在行政操作层面既困难又昂贵。支持土地流转、农场整合的宏观经济措施，能够使用水户更加便于管理，同时也能减少总的用水户数量，如此便可减缓上述管理带来的挑战。

6.4.2 引入微观经济激励措施

在地下水治理方面迫切需要投入更多资金，重要的是，管理、规划和监测等基本职责不应出现经费不足的情况。

开采大量地下水而不收取资源费是过度利用地下水的诱因。凿井和抽水的费用往往是开采地下水需要支付的唯一费用。可以说，如果不征收资源费，就没有做出改变的驱动力，就无法达成期望的地下水管理成效。此外，在水泵上安装磁卡等有利于将取水量限制在取水许可配额内。

此外，通过增加以下几方面的投资也能获得积极影响，包括通过加强参与式监测强化地下水用水户参与度，通过改善地貌以增加地下水补给，通过架设专用电网馈线等以规范水井使用和保护含水层补给区等。地下水开采中完全经济成本与由用水户支付成本之间的比较如图 6.4-1 所示。

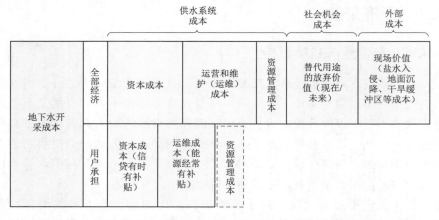

图 6.4-1　地下水开采中完全经济成本与由用水户支付成本之间的比较

微观经济激励：丹麦综合税收制度

在丹麦，有限的地表水资源面临越来越大的压力，致使 99% 的用水依赖未经处理的地下水。农业、林业和渔业消耗了丹麦地下水用水量中的近50%，生活消耗了 30%，工业消耗了 8%。由于严重依赖未经处理的地下水作为饮用水水源，人们对地下水资源可持续利用产生了合理的担忧，并考虑阻止更多的污染负荷进入地下水，以防止地下水退化到无法饮用的地步。此外，丹麦的法律要求地下水含水层的取水总量不能对地下水相关生态系统产生破坏。为此，丹麦建立了一个全面的管理和税收制度，旨在鼓励公民、公司、农民、供水商和废水管理人员减少水的消耗和污染。

水价被用作需求管理和筹资的工具。长期以来，丹麦一直要求对污水处理和收集进行全部成本补偿，最近该政策也运用于供水。丹麦采用独特的两部制税费结构，即统一费率和基于计量的费率。欧洲有 3 个国家根据地下水取水量进行收费，丹麦就是其中之一。为了促进污染治理，丹麦对直接排污者按污染负荷比例征收附加税，适用的污染物类型包括氮、磷、生化需氧量。为了鼓励减少供水系统渗漏，对于那些免费供水的用水单位，也征收一定的税收；而对于没有将免费供水量减少到10％以下的自来水公司，则征收额外的罚款。

丹麦的水价相对较高，一个丹麦家庭的水费约占其年收入的1.6％。但是，包含水费、污水处理费和税费的综合水价体系，能够有效减少污染，提升资源的高效和可持续利用。它还能对供水和废水处理的全部成本进行补偿。

第 7 章

地下水资源调查和评价

本章主要描述地下水资源的评价方法和技术。关键信息如下：

（1）水流系统的概念化是进行地下水评估的基础。

（2）地下水评价是一个循环、渐进的过程。

（3）可持续开采量所指征的开发利用状态，能够使地下水开发利用在其经济效益以及产生的社会、环境和经济影响之间取得较好的平衡。

（4）地下水评价通常需要构建一个代表复杂系统的地下水流数值模型，然后利用模型评估地下水对不同开发利用场景的响应情况。很多方法和技术都可以用于模拟不同范围水平衡下的补给及排泄组成部分，利用这些结果可对地下水流和水力参数进行初步估算，以用于构建地下水流模型。

（5）水流模型的输入项包括：含水层水力参数，可通过实验室试验或野外调查估算；从含水层中流出的基流，可根据河道过程线估算；不同位置的水压差，可用于计算地下水流动过程；水化学、示踪技术和地球物理方法，有助于评估地下水流动过程。

7.1 概述

开展地下水评价的目的是为地下水规划和管理决策提供基础信息。第1章描述了地下水水流的性质和特征，包括水平衡的概念和水平衡的组成部分。水从补给区流入地下水流系统，沿着含水层中的地下水路径流动，然后在自然排泄区流出含水层，或是被人类以取水的方式从含水层中取出。系统中水的流入、流出和存储等部分总是趋于平衡（除非人类正在开采水资源）。如果地下水系统中的一个部分发生变化，那么其他部分也会随之发生变化，以重新建立平衡。

地下水评价旨在确定和量化水平衡的组成部分，以及这些组成部分之间的相互联系，以便了解其中一个组成部分的变化对其他组成部分的影响。了解这些"因果关系"，有助于水资源规划者和管理者识别价值和风险，在知情的情况下做出规划和管理决策。

第 1 章描述了地下水系统的性质和特征，第 2 章描述了地下水系统面临的新压力，在此基础上，本章描述了应该如何开展地下水资源调查和评价，以支撑第 4 章中所描述的规划和管理框架的实施。

7.2 地下水资源评价方法

7.2.1 水流系统的概念化

地下水评价的前提是将地下水流系统概念化，也就是将复杂的三维系统用简单的概念化系统表现出来。地质图展示了地质构造的分布，地质构造是岩性独特的地层单元，分布非常广泛。地质构造可能具备含水层、弱透水层或隔水层的水力特征。

含水层是饱和的岩石或沉积物，渗透性极好，地下水可以通过井或水孔流出。弱透水层是一种渗透性相对较差的构造，位于含水层上方或下方，倾向于将水流限制在含水层中。如果承压层的渗透性极低，导致不论经过多长时间，水都无法流出，则该构造被称为隔水层。地下水往往会保存在含水层中，但总会有一些水量从上覆隔水层或下面的隔水层中缓慢渗漏出来。

虽然地质构造可以分为含水层、弱透水层或隔水层，但地下水系统的评价往往会在更加精细的尺度上考虑水流模式。例如，富含黏土的地层，会将其所在的地质构造分成两个单独的含水层。

7.2.2 渐进式评价

开展地下水评价要依据感知到的风险和可获取数据的详细程度。典型的演进过程就是，在大量开采地下水之前，也就是地下水开发利用的早期阶段，要开展级别较高的评估。在该阶段，通常可获取的数据较少，评价通常依赖于简单的概念化模型，以及与气候和地貌环境相似的含水层系统进行对比。收集地下水与地表水相互作用，以及地下水资源和环境价值的相关信息，用于评估地下水资源开发利用相关的风险。早期评估能为管理

113

措施的制定提供基础，如含水层边界的确定、取水途径和取水申请的设计，还可以为数据采集和监测计划等方案的设计提供基础。

随着地下水开发利用活动的不断进行，会积累越来越多的取水量、水位等监测计量数据，从而开展更加详细的评估。如果由于产生了环境影响或者不同用水户群体之间的利益差异而出现了紧张情绪，此时就需要开展更加详细的评估，以便能够在此基础上制定出更加公平且可接受的管理规则和安排。出于公平性的目的，引出了地下水系统可持续开采量的概念。

7.2.3　地下水系统可持续开采量

随着地下水开采技术的不断提升，以及对地下水在水循环中作用的理解不断加深，地下水系统可持续开采量的概念也在不断发展。早期对地下水的开发利用主要是对天然泉水的利用或是挖井取水（见 2.1 节）。能够从泉眼中流出的水量决定了该泉的产水量，而一口井的产水量则受到取水方式的影响。

到 20 世纪中叶，新技术的产生使得大规模打井成为可能，这些井能够打到更深的地方，使用高效的水泵可以从更深的地方取水，从而不断增加地下水的开采潜力。技术上的进步使得人们开始考虑，从一口井中能够或者应该取出多少水，也就是井的产水量。当从井中取水时，会在地下水水位线形成一个漏斗。图 7.2 - 1 显示了漏斗的二维剖面。漏斗形成的原因是，地下水流向井的过程中，要流经直径不断缩小的类似圆柱体，需要不断增大的水头差才能流到井中。如果水泵的抽取速度过快，水井中的水位（也是漏斗的底部）会下降到水泵的高度，此时水泵将吸入空气和水的混合体，可能会对水泵造成损害。因此，井的产水量就是水泵不会出现损害性泵吸情况时的最大抽水速度。井的产水量取决于含水层的透水性、孔径、井的深度以及进水效率。

含水层产水量这一概念是产水量概念的进一步演变。实际情况下，一口井取水引起的水位下降，在一定程度上与其他水井取水引起的水位下降有重合，如图 7.2 - 2 所示。对任何位置而言，该处由于水井取水引起的水位下降，应该是所有水井共同作用的结果。因此，如果周围没有其他的水井，某一水井的产水量会比现状产水量要多。一个含水层范围内实际建设的水井网络的产水量之和，被视作含水层的产水量。含水层产水量的概念仅仅关注短期内从含水层中实际取水的数量，并未考虑对含水层储水量、补给或排泄的长期影响。

114

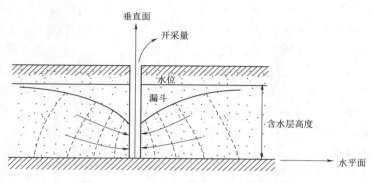

图 7.2-1　水井抽水形成的漏斗剖面图

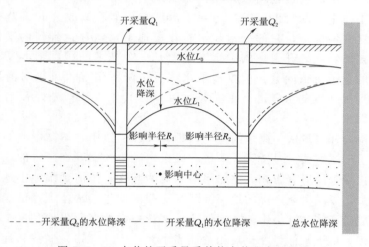

图 7.2-2　水井的开采量受其他水井取水的影响

　　含水层允许开采量的概念反映了人们将研究重点由水井的产水量向整个地下水流系统和水均衡要素转移的过程。在没有人为干扰的情况下，地下水天然处于平衡的状态。补给、排泄和储水量可能会存在短期或长期的季节性变动，所有的组成部分都会向着系统的新平衡方向调整。但是，当对这个原本平衡的系统抽取地下水时，含水层中的储水量会减少，只有通过增加补给或减少排泄来重新建立平衡，这种减少的趋势才会扭转。这种新的平衡存在于地下水和地表水的重复水量中，在地下水资源中占的比重更大，在地表水资源中占比较小。地表水和地下水之间的重复和相互作用在1.2节进行了讨论。如果抽水量和天然排泄超过了总补给量，则永远无法达到新的平衡，此时会出现地下水枯竭的情况。

含水层系统的允许开采量是指在不产生不良影响的前提下可以抽取的水量。尽管这个概念的建立基本上是有依据的，因为它考虑了水平衡中不同组成部分之间的联系，但是概念中"不良影响"这一说法缺乏明确的定义，因此随着时间的推移引起了一些争议。最初，不良影响仅仅被解读为对取水的影响，比如持续的开采最终导致地下水储水量的枯竭，或者地下水水位不断下降，直至无法抽水或是抽水成本变得非常昂贵。

按照这一狭义的解读，如果取水降低了地下水水位，而上覆河道中的基流补给增加，达成了新的平衡，那么便可以认为地下水系统仍然在其允许开采量范围内运行。同样，如果地下水水位下降，而地下水排泄到相关生态系统的水量也随之减少，那么地下水水位在下降到一定位置后最终趋于稳定，此时也可以认为地下水系统仍然在其允许开采范围内运行。在这些情况下，一部分地表水转化成地下水，并达到新的平衡。根据这种方法，允许开采量的确定本质上是一个技术问题，基本没有考虑各要素的竞争价值问题。根据地下水水位下降的情况，可以对河道基流和排泄到湿地里的水量进行估算，也可以将其作为计算允许开采量的潜在贡献因素。

可持续开采量这一概念的产生，对允许开采量中"不良影响"这一说法进行了广泛解读。可持续开采量的确定，需要考虑取水导致的地下水储水量变化带来的所有影响，比如河道基流的减少，排泄到湿地中地下水水量的减少，以及可能产生的地面沉降。这些影响包括水位下降可能导致的生态环境、经济和社会影响。评估地下水流要素的变化仍然是一个技术问题，而理解地下水储量变化对相关地表水系统生态环境、经济和社会价值的影响，则是在地下水评价领域之外，引入的新技术维度。

总而言之，可持续开采量所指征的开发利用状态，能够使地下水开发利用在其经济效益以及产生的社会、生态环境和经济影响之间取得较好的平衡，且大多数群体认为是最优的一种状态。因此，可持续开采量不是通过技术评估得到的解决方案，而是基于技术评估开展的政治决策过程中所采用的一种价值理念。

可持续的地下水管理，不仅仅是在其可持续开采量范围内对地下水流系统进行管理，还包括利用地下水流系统方面的知识，来识别土地利用活动对地下水水量和水质可能带来的风险，并将这些认识引入土地管理政策领域。

7.3　相关概念和技术

开展地下水评价是为了找出地下水系统各要素随着时间变化可能出现的变化趋势。特别是，要弄明白当取用地下水的水量发生变化时，地下水水位会如何变化。当地下水系统处于平衡状态时，补给量和排泄量相等，含水层中的储水量保持稳定。当地下水系统处于不平衡状态时，随着时间变化含水层中的储水量会发生变化，变化值就是补给量和排泄量之间的差值。地下水水量平衡的公式如下：

$$(R_p+R_c+R_i+R_s+I_a)-(E_t+D_s+A_g+O_a) = \Delta S \qquad (7.3-1)$$

式中：R_p 为降雨补给，m^3；R_c 为河道渗漏补给，m^3；R_i 为灌溉入渗补给，m^3；R_s 为河流补给水量，m^3；I_a 为相邻含水层的流入水量，m^3；E_t 为地下水蒸散发量，m^3；D_s 为排泄至河流的水量，m^3；A_g 为取用地下水水量，m^3；O_a 为流向相邻含水层的水量，m^3；ΔS 为地下水储水量变化，m^3。

为评估整个含水层系统的状况和变化趋势，可以在较大的区域范围内开展地下水评价。然而，要了解在整个水流系统中，垂直分布的不同含水层之间是否有水流联系，通常需要在更精细的尺度上开展评估，另外，还可以了解局部地区取水量变化的影响程度。

地下水评价通常需要构建一个地下水流动数值模型来模拟复杂的地下水系统。然后，使用该模型评估地下水系统对不同开发利用情景的响应模式。本章介绍的概念和技术可以用来估算不同尺度的补给量、排泄量等地下水均衡要素，并对构建地下水流模型所需的水流要素和水力参数进行初步估算。

7.3.1　达西定律

达西定律是开展所有地下水定量评估工作的基础。达西定律最简单的应用就是使用最基本的水位数据和关于含水层水力特征的一般估计，利用公式直接计算流经地下水系统的地下水水量。达西定律还可作为计算地下水运动的核心逻辑，应用于复杂的地下水流模型。在地下水评价的早期阶段，可以使用水力传导系数的估值和粗略的水位数据，利用达西定律，对补给水量、流经含水层的水量和排泄水量进行初步估算。

7.3.2　水力传导系数

19 世纪中叶，亨利·达西针对多孔介质（如砂岩含水层）中流体的运动规律开展了试验研究。根据试验结果，推演出的公式就是达西定律，该

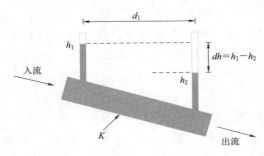

定律自此成为描述地下水运动的基础。如图 7.3-1 所示，达西定律表明地下水以稳定的速率流过含水层。在流动路径的两个位置之间，水流的流动速度与两个位置间的压力梯度成正比。这一比例是常数，称为水力传导系数，是一种反映含水层材料特性的参数。

图 7.3-1　水流流过多孔介质的速度与水头差

达西定律可以表达为

$$Q = KA(dh/dl) \tag{7.3-2}$$

式中：Q 为流过横截面的水流通量，m^3/s；A 为含水层横断面面积，m^2；dh 为两个位置间的压头差，m；dl 为两个位置之间的距离，m；K 为含水层介质的水力传导系数，m/s。

上述关系通常可以用更加简单的概念水力梯度（dh/dl）表示：

$$Q = KiA \tag{7.3-3}$$

式中：Q 为流过横截面的水流通量，m^3/s；K 为含水层介质的水力传导系数，m/s；i 为水力梯度 dh/dl；A 为含水层横断面面积，m^2。

如果已经根据水位数据推算出水力梯度，同时水力传导系数也已知或可以估算出，通过上述公式便可以计算出地下水的水流速度。

水力传导系数是一个可以同时表征含水层介质渗透性及流经其中的流体黏度的函数。因此，与流经含水层的其他流体（比如石油和天然气）相比，因为黏度不同，地下水和这些液体的水力传导系数也存在差别。图7.3-2 给出了不同类型含水层介质的水力传导系数。

含水层的导水系数与水力传导系数有关。对于地下水评价而言，含水层的导水系数是比水力传导系数更有用的概念。水力传导系数与流经横截面面积的水量有关，而导水系数与流经含水层整个厚度的水流有关。导水

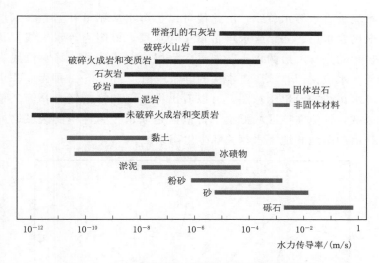

图 7.3-2　不同类型含水层介质的水力传导系数

系数与含水层流量的关系如下：

$$Q = Tiw \qquad (7.3-4)$$

式中：Q 为水流过完全饱和含水层厚度的流速，m^3/s；T 为含水层的导水系数，m^2/s；i 为水力梯度 dh/dl；w 为垂直于水流方向的含水层宽度，m。

含水层导水系数与水力传导系数的关系表示如下：

$$T = Kb \qquad (7.3-5)$$

式中：T 为含水层导水系数，m^2/s；K 为水力传导系数，m/s；b 为含水层的厚度，m。

导水系数对于地下水评价非常有用，因为含水层通常由不连续的圈层组成，组分较为多样，因此水力传导系数存在差异。而地下水评估关心的是整个含水层的导水系数。如果已知含水层的导水系数，且具有含水层中不同位置之间的水位数据，从而可以得到水力梯度，此时就可以使用达西定律计算流经含水层的水量。

7.3.3　等水位线图

利用水位数据可以绘制等水位线，从而可以对地下水流动进行深入的分析。水流垂直于等水位线，由此便可以了解水从哪里补给到含水层，从哪里排泄出含水层。如果含水层是承压含水层，该图为等水头线，其监测井水位显示的是含水层的水头。如果含水层是非承压的，等水位线表示的即为地下水水位，即非承压含水层的静水压面。图 7.3-3 展示了非承压含水层中等水位线的简单示意图，可以看出补给区和排泄区。补给区是地势较低的区域，径流在该区域汇集。排泄区是取水较为集中的区域，或是靠地下水补给的湿地和地下水相关陆生生态系统。

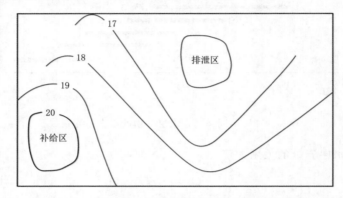

图 7.3-3　显示补给区和排泄区水位的等水位线简图

对于承压含水层，如果上覆有地表水体但等水头线一直未发生形变，说明地下水和地表水体之间几乎没有水力联系。但是，如果等水位线偏向地表水体，则说明一定程度上承压含水层中的地下水会补给地表水水体。这种水力联系可能是断层或裂隙造成的，在承压含水层中形成一条通道。

即使利用非常有限的数据，也可以绘制一张粗略的等水位线图，表明地下水水流方向、潜在的补给区和排泄区，并可以对相关的管理风险进行评估。

在等水位图上也可以绘制出地下水流线，这些流线是垂直于等水位线的。等水位线和水流线一起构成了水流网络。如果已知导水系数，便可以利用达西定律计算地下水在水流网络不同水流线之间的流量。

本节讨论的关系是理想化的，基于含水层介质是均匀的假设，但实际中这种情况几乎不会存在。含水层介质在不同位置存在差异，厚度也可能不同，导致含水层中各处的导水系数有所区别。在含水层不发生任何补给或排泄的情况下，这些差异也会影响等水位线的格局。

个别数据点的信息缺失也会对水位数据的解释造成困难。例如，非承压含水层中某处较高的水位，反映的可能是在含水层饱和带水位上方上层滞水的水位，而不是真正的补给量较大的区域。另外一个例子是，将承压含水层的水位误认为是上覆非承压含水层水位数据。与专用的监测井相比，供水井的监测信息非常少，当供水井成为唯一的数据来源时，就有可能会出现上述错误。

7.3.4　地下水向河道的排泄

对于与河流有水力联系的含水层而言，河道可以是排泄的边界，向河道的排泄量是水均衡的组成部分。通过此前介绍的等水位图和达西定律，可以估算出含水层的排泄量。同样，通过分析河道的退水过程也可以估算排泄量。

降水结束后，河道中的水包含两个基本组成部分。第一个是快速径流，包括由降水直接产生的坡面流和壤中流（降水入渗到河道附近的土壤中，在到达饱和层前便沿着坡度流入河道）。第二个是基流，这部分水量是从含水层流入河道中。图 7.3-4 显示了降水发生后这些组成部分发生的变化。

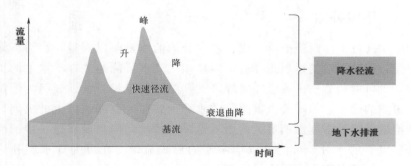

图 7.3-4　降水后一条河流水文曲线的组成部分

在流域内高程较高的山区，除较大降水事件后会立刻产生较大流量，其他大部分时间河道流量的主要组成部分只有基流。因此，对于流域下游平原地区来说，基流是非常重要的资源。流域上游地区大量开采利用地下水，地下水水位下降，导致河道基流大幅减少，对流域下游的可利用水资源量产生重要影响。

通过数学方法，如基流退水分析，可以推导出基流量。基流退水分析就是根据河道水文过程曲线确定河道中的基流水量。图 7.3-5 是一个典型的水文过程曲线，将河道流量按照时间顺序进行绘制，展示出了一系列重要的降水过程，呈现出多个峰值和部分基流退水曲线。上面的峰值线是河道流量曲线，下面较平缓的曲线是基流流量曲线。Nathan 给出了许多分析基流退水曲线的方法，描述了相关的自动化技术。

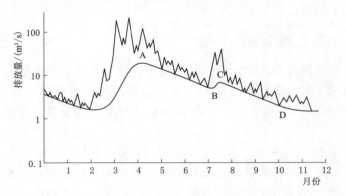

图 7.3 - 5　假设的河流水文曲线的基流衰减曲线
A、C—河道峰值流量；B、D—河道基流流量

7.3.5　下渗补给

降水通过下渗流经土壤变成含水层补给的水量难以测量，因为下渗机制多变，而且下渗的运动路径通常很复杂。降水可能通过在土壤中的扩散下渗，也可能沿着树根或收缩裂缝等大孔隙进行下渗。收缩裂缝为下渗提供了最初的通道，但随着土壤因吸收水分而膨胀，收缩裂缝就此关闭，导致补给量受降雨强度影响更大，而不是降雨持续时间。没有进一步下渗到土壤层以下的水分，可能会以壤中流的形式流动，在成为含水层补给之前，在某个地点作为排泄水量排出。

因此，入渗产生的补给量通常需要通过间接方法进行估算。如果可以获得水位和给水度数据，便可以计算出含水层中增加的储水量。如果可以获得水位和导水系数的数据，则可以使用达西定律计算出从补给区域流出的水量。

化学质量平衡方法也可用于估算下渗量。可以根据补给水量中和地下水中溶解离子的浓度来计算进入含水层的补给通量。但是，该方法仅在离子浓度不会因为化学反应发生变化的情况下才适用，而且除了降水之外没有其他离子来源。氯化物质量平衡是最常用的方法。

Wood 描述了如何使用该方法及其局限性。总而言之，通过下列公式，使用氯化物数据可以计算出平均补给通量：

$$q = (P)(Cl_p)/Cl_{gw} \tag{7.3-6}$$

式中：q 为补给通量，mm；P 为平均降水量，mm；Cl_p 为降水中的平均氯化物浓度，mg/L；Cl_{gw} 为地下水中的平均氯化物浓度，mg/L。

下渗速率也可以根据水的年龄估算。年龄可以根据水中示踪剂的浓度来估算，首先补给发生时这一浓度值已知，同时还知道浓度随着时间变化的速度，就可以计算出补给时间。放射性同位素碳 14 就是一个例子。通过测量不同位置的示踪剂浓度，可以计算出水从一个位置流动到另一个位置的时间。但是，定义地下水"年龄"仍存在困难，因为在含水层，地下水沿着与等水位线垂直的流线流动，而水分子和溶液中的离子沿着更加曲折和多变的路径移动。因此，任何水样中都会包含各种年龄的水。Suckow 在他的文章中讨论了示踪技术的应用和局限性。

7.3.6　地下水储量的变化

水作为补给进入地下水流系统，沿着一定的路径在系统中流动，并从排泄区流出系统。如果系统长期处于平衡状态，则含水层中储存的水量基本保持不变。如果补给量或排泄量发生变化，系统平衡会被打破，含水层中的储水量会随之改变，直至形成新的平衡。地下水系统平衡被打破的典型例子是，取水量增加导致水位降低，直到补给量或排泄量发生变化时，才会重新形成平衡。因此，开展地下水评价的一个重要环节就是要将地下水水位变化和含水层水量变化过程联系起来。

考虑水位变化对储量的影响时，需要考虑的一个关键因素就是这些变化是发生在承压含水层还是非承压含水层。当非承压含水层中的水位下降时，水会从含水层中流出。单位体积含水层排出的水量即为含水层的给水度。

$$S_y = V_w/V_a \tag{7.3-7}$$

式中：S_y 为非承压含水层的给水度，m^3/L；V_w 为从单位体积含水层中流出的水量，m^3；V_a 为含水层排水的单位体积，L。

给水度总是小于孔隙度，孔隙度是含水层中孔隙空间的比例。细颗粒介质（例如黏土）的孔隙度高，但给水度低，这是因为水被毛细力和其他分子力维持在空隙中，从而阻碍了水的排泄。因此，砂粒和砾石的给水度可高达 25，而黏土的给水度仅为 2.5。

与非承压含水层不同，承压含水层中的水头降低时，含水层仍然处于完全饱和状态。含水层中压力变小，水对岩石骨架的支撑力也会变小。这时，含水层的骨架就会稍微被压缩，因为它承受了额外的荷载。承压含水层的储水系数即为含水层水头下降 1 个单位时，从含水层中释放出的水量，通常在 $10^{-3} \sim 10^{-6} \, \mathrm{m}^3$。因此，承压含水层的给水度比非承压含水层的给水度小 3 个数量级。储水系数取决于含水层材料的可压缩性、上覆介质的重量和地下水的可压缩性。

7.3.7 水力参数的测量

固结含水层介质样品的水力传导系数可以通过试验测出，具体方法是在样品上施加水压，同时测量流量。固结含水层的样品可以在钻孔期间采集岩心样品获得。然而，在松散的含水层中，钻探过程总是会对含水层介质形成干扰，使其在一定程度上不能再代表该含水层。实验室测试的一个普遍限制是，含水层材料基本不可能是同质的，因此岩心样本并不能代表整个含水层的情况。通过在不同深度多次取样，可以在一定程度上解决这一问题。但是，还是无法解决含砂量大、渗透性好的地层与富含黏土、渗透性差的地层之间的连通程度，而这一问题会影响整个含水层导水系数的估算。Tidwell 讨论了如何使用实验室方法和技术来解决这些尺度性问题。

冲击试验是在稍大范围内测量水力传导系数的方法，通过快速增加或降低钻孔中的水压，然后观测压力回到试验前状态的方式。与实验室对岩心样本进行测试的方法相比，冲击试验能够测试出更大范围的含水层的透水性，但是仍然无法代表整个含水层。Butler 介绍了开展冲击试验的方法。

抽水试验是确定含水层透水性最有效的方法，首先控制从水井中抽水的速度，然后观测水井及周边水井或专用监测井的水位变化。最后利用图形或数值方法计算含水层的导水性。如果还能从附近的水井中获取水位数据，便能计算出储水系数和导水系数。抽水试验数据可用于估算上覆或下覆隔水层的渗漏情况，也可用于识别附近的补给边界，比如有水力联系的河道，或者会对水流造成阻碍的地质断层等。

Kruseman 描述了进行抽水试验和数据分析的方法。进行数据分析时，通常的假设是试验开始时水位是稳定的，并且水位的变化是由于抽水井周围形成的漏斗造成的。最可靠的分析需要基于离抽水井足够远的监测井的水位数据，因为他能反映整个含水层厚度上的水流情况；同时距离抽水井足够近的位置也应有监测井，这样才能便于在实验过程中就能观测到抽水井内显著的水位下降。抽水试验通常要进行至少 24h，并可能持续数周。分析方法是从抽水试验开始时起，在对数坐标系中绘制水位下降的曲线。由于采用的是时间的对数，试验初始时读数较为频繁，随着测试的进行，读数的频率可以降低。

7.3.8　水化学方法

地下水评价可能涉及污染物的调查工作，因为含水层上部空间发生的工业生产过程可能会产生特定的污染物。这类调查需要针对特定的行业及其所在地点。本节所要介绍的是地下水的自然化学特征可能提供的地下水流系统的相关信息。随着水在补给区的不断入渗，并在含水层系统中沿着不同的路径流动，其化学组成也随之变化。如果能够获得足够多的水化学数据，就可以为地下水运动提供相应的参考信息，作为水位数据和示踪数据等其他来源信息的重要补充。

当降水进入土壤时，它会与土壤中腐烂的有机质发生反应并产生碳酸。一些土壤中易溶物质首先溶解于含有碳酸的深层渗透水。当水继续流动时，化学性质会随之演变。在补给区，水中主要的阴离子是碳酸氢盐，随后大部分转变为硫酸盐，最终变成富含氯化物的水。水的离子浓度或水的盐度也会趋于上升。富含高浓度氯化钠的地下水很可能是经过了很长时间，深层的补给路径才缓慢形成的。然而，这些只是一般情况，含水层的水化学特征还会受出现的其他矿物质的影响。对地下水进行分类时，主要阴离子（氯离子、碳酸根离子、碳酸氢根离子、硫酸根离子）占比是比主要阳离子（钙离子、钾离子、镁离子、钠离子）占比更加有用的指标，因为阳离子很容易通过阳离子交换过程而发生浓度上的变化。

用图形法可以表示水的水化学特性。图 7.3 - 6 中所示的 piper 图就是其中比较常见的一种。经过水化学分析得到的各离子浓度可以绘制到一张 piper 图上，以便于查看是否存在具有相似特征的分组。很多商业软件均可以绘制 piper 图以及其他的图形示意图。

为进行化学分析而采集水样时，需要非常小心。尽管第 11 章详细介绍了地下水监测的有关内容，包括采集水样的内容，但此处还是做一下总体介绍。如果采样是为了检测污染物或是使用示踪剂确定地下水年龄，则需要遵守专门的采样程序。即使采样只是为了分析地下水的水化学特征，也需要遵守基本的采样规定。比如，应该对水井进行冲洗，以清除套管中的

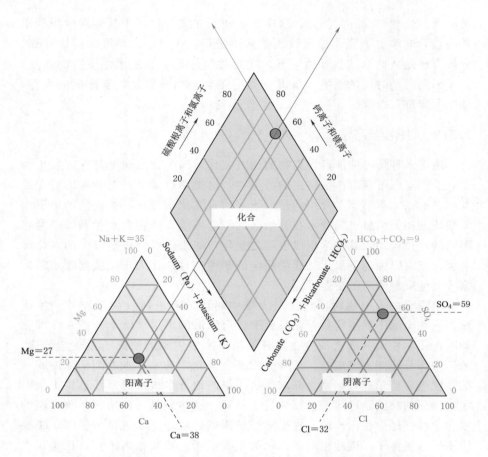

注：主要阳离子的比例绘制在左下图中，主要阴离子的比例绘制在右下图，
在上方的菱形图中绘制两个比例的交汇点。

图 7.3 - 6　piper 图

积水。样本采集应尽可能减少搅拌过程和空气夹带。David 等的手册中能
够找到详细的指导。

7.3.9　水质适宜性分析

　　由于地下水的化学性质非常多变，因此地下水管理者试图根据用途选
择合适的地下水。地下水水质很大程度上就用于确定地下水合适的用途。

　　对饮用水而言，世界卫生组织制定了很多水质标准。一个国家也会制
定全国层面的水质标准。尽管地下水是一种流动缓慢的资源，但水的化学

成分在不同季节会有所变动。表7.3-1列举了印度国家标准和世界卫生组织标准的不同季节的水质变动情况。

表 7.3 - 1　　　　　　　　地下水水质与饮用水标准的比较

参　数	印度国家标准	遵守率		世界卫生组织标准	遵守率	
		季风前	季风后		季风前	季风后
pH	6.5~8.5	82.1	60.7	7~8	64.3	25
EC	—	—	—	—	—	—
TDS	500	100	100	1000	100	100
TH	300	96.4	96.4	—	—	—
Turbidity	5	71.4	46.4	—	—	—
Alkalinity	200	71.4	82.1	—	—	—
Na^+	—	—	—	200	100	100
K^+	—	—	—	—	—	—
Ca^{2+}	75	89.3	92.9	75	89.3	92.9
Mg^{2+}	30	100	100	30	100	100
HCO_3^-	—	—	—	—	—	—
Cl^-	250	100	100	250	100	100
NO_3^-	45	100	100	50	100	100
SO_4^{2-}	200	100	100	250	100	100
F^-	1	100	100	1.5	100	100
Fe - Tot	0.3	53.6	28.6	0.3	53.6	28.6
Mn - Tot	0.1	60.7	75	0.1	60.7	75
Zn - Tot	5	100	96.4	3	100	96.4

注　电导率单位为 $\mu S/cm$，浊度单位为 NTU，其他参数单位为 mg/L，TDS 为溶解性总固体；遵守率单位为%，TH 为总硬度；EC 为电导率。

经济合作与发展组织（OECD）提出了牲畜用水的水质标准。盐度是衡量是否适用于牲畜用水的重要指标，通常用电导率来表示，因为电导率易于测量。该标准表明，电导率低于 $5000\mu S/cm$ 的水适于所有牲畜饮用，电导率为 $5000\sim8000\mu S/cm$ 的水适于家禽饮用，电导率高于 $11000\mu S/cm$ 的水应该谨慎使用。该标准还提出，水是否能够使用取决于所消耗的水量，因为动物在能获得地表水的情况下，会优先饮用含盐量较低的地表水，短时间内喝一些不太适合饮用的地下水，不会对其健康造成伤害。在形成盐度的主要离子中，镁离子是唯一会对牲畜饮水造成不良影响的（当浓度超过 250mg/L 时，就不再适合牲畜饮用）。该标准还规定了一系列微量元素的限值。

地下水用于灌溉的适宜性取决于土壤类型和灌溉的作物类型。然而，通常使用以下指标来衡量灌溉适宜性。

（1）盐度危害。电导率是衡量水的盐度的指标。用于灌溉时，水中盐分较高会降低植物的渗透活性，从而减少灌溉作物可以吸收的水量。尽管有些植物比其他植物更耐盐，但电导率大于 3000μS/cm 的水，通常认为不适合灌溉。

（2）渗透危害。钠吸附率是衡量钠含量超过钙和镁总含量的指标。如果将钠吸附率较高的水用于灌溉，钠就会取代土壤中附着在黏土矿物上的其他离子，土壤失去原有结构，导致土壤板结，进一步引起灌溉水量（或雨水）无法渗入土壤。钠吸附率小于 10 时，非常适合灌溉；当该数值大于 18 时，可能就不适合灌溉，但具体情况要视土壤类型而定。

（3）主要离子危害。

1）氯化物是一种可能对灌溉造成阻碍的主要离子。当浓度超过 140mg/L 时，可能会导致叶片烧伤或叶片组织脱水。

2）当水中的碳酸盐含量大大高于钙和镁含量时，就会导致土壤中有机物的溶解。

（4）微量元素危害。低浓度微量元素对植物和动物至关重要。然而，当水中的微量元素浓度过高时，会对植物产生危害。

7.3.10　地球物理方法

地球物理方法涉及对地球的自然或诱发性质进行测量。在进行地下水评估时，地面和地下的地球物理方法都很实用。在地面技术中，地震勘探是最常用的。该方法是在地球表面或浅井中制造小的震动，然后在距离震源一定距离的位置设置传感器，并在传感器上测量震动被感知到的时间。如果检测到某处地层两侧地震波的传输能力差异较大，则根据得到的数据就可以推断出含水层的范围、分层情况以及是否存在断层。重力和地球磁场的变化通常也用于地质调查，但较少用于地下水评价。

目前，地球物理方法广泛应用于凿井活动，主要用以识别渗透性最好的区域，作为下套管和滤网的地点，以及相关的含水层。凿井结束后、下套管前，通常需要进行地球物理测井活动。将地球物理探头下至井下，逐步记录地球物理响应。最有用的两种测井是伽马测井和电阻率测井。伽马测井记录矿物中的天然放射性，页岩和黏土中的天然放射性高于石英砂中的天然放射性。电阻率测井记录电阻率，电阻率在干净的砂粒中较高，在页岩、黏土和含盐水的砂粒中较低。伽马测井确定了砂石的分层；电阻率测井显示，与上部砂层相比，该位置较深的砂层含盐量更高。伽马测井的一个优点是可以在已有的套管水井上运行。

7.3.11　地下水开采量的估算

水平衡的重要组成部分之一是地下水开采，或未来可能发生的地下水开采。对于任何地下水系统来说，可能会有一部分取水计量，但极少情况下能对所有取水进行计量，因此需要进行估算。工业用水通常只占取水总量的一小部分。对于重要的生产场地，通常会对取水进行计量，或者可以根据工业过程和水泵信息进行估算。城镇和农业用水通常占地下水系统取水量的绝大部分，对该部分水量进行估算非常必要。以下建议为必要的估算提供基础。

供水管网的生活用水量取决于水资源利用效率。2006 年，英国水务办公室研究发现，欧洲国家的平均用水量为每人每天 115～150L 不等。第一个主要因素就是计量，水的定价与计量用水量有关。研究发现，英国通过管网供水的家庭中，仅有 33％安装了水表，与未安装水表的家庭相比，安装了水表的家庭用水量要少 15％。第二个主要因素是节水设备的安装比例，比如安装小容量马桶水箱、小容量花洒和节水洗衣机的比例等。

Hussien 等提供了一个欧洲以外的案例，即位于伊拉克库尔德斯坦地区西北部的杜胡克，这是一个新兴的发展中小城，拥有 29.5 万人口。当地的供水费用与用水量无关，节水设备也不像欧洲城市那样普遍。当地每人每天的平均用水量达 271L，是欧洲用水效率最高城市用水量的 2 倍多。

在农村环境中，取水主要用于灌溉或牲畜饮水。对于灌溉来说，最常见的估算方案就是在作物生产数据中引入作物需水系数。最简单的形式就是，对于土壤类型、气候条件和灌溉方式都非常一致的地区来说，某一特定类型的作物就可以使用相同的需水系数，比如说每年每公顷需水 3000m³。可以利用遥感来确定作物的种植面积。

对牲畜饮用和生活用水的估算可采取类似的技术，即将需水系数运用到载畜量的计算中。用水需求会因为气候条件、牲畜放牧及饮水所需行走的距离等因素而有所变动。在气候炎热的澳大利亚北部地区，肉用牛一年里每天平均要喝 70L 的水。载畜量是指一片土地上可供长期（通常是 10 年）放牧的平均牲畜数量。牧场的载畜量和有关类型牲畜的平均需水量等数据，通常可以从政府部门或畜牧业组织机构获得。

为了能够估算得更加精确，还需要考虑一个事实，即牲畜会饮用最方便的水源。如果雨后河道中或池塘中有水，牲畜很可能会饮用这些地方的水，而不是地下水。

7.4　地下水模型

模型是事物外观或其工作方式的展现。地下水模型是地下水流系统的表示，可用于评估系统对于某些变化的响应。例如，当某个区域的取水量增加时，地下水流模型可用于估计整个系统中水位会如何变化。

起初，地下水模型是物理模型。该物理模型是二维的，在两块板之间放置有与含水层构成相同的材料，在其中一块板处以稳定速率注入水，水流向另一块板时进行水位测量。这些模型在实际中的运用非常受限。电气模型利用电流运动中欧姆定律和地下水流动中达西定律之间的相似性，来模拟地下水运动。电阻器模拟水力传导系数，电压模拟驱动地下水流动的水头差，电容器模拟地下水存储量。这些电阻电容网络对于模拟地下水系统中的稳定流态更加有用，但是使用起来仍然较为麻烦，只能用于简单地建模。

数值模型使用数学方程来表示地下水水流。目前，已经开发出功能强大的地下水数值模拟应用程序，并被广泛使用。

7.4.1　数值模拟的基本概念

最常见的地下水流数值模型采用有限差分法。该方法是在建模区域设置二维网格或三维网格，并在网格单元相互连接的节点上分配水力参数和地下水开采量。水力参数值的分配基于已有信息，最简单的形式就是在代表单个含水层的二维网格中分配同一个参数。当有更多的可用数据时，就可以通过已知数据点之间的插值，为所有节点分配参数。某一单元内的取水量是整个单元区域内取水量的总和。

单元的边界可以限定为定水头、定流量或无流量边界，从而限制网格边界处的单元与相邻单元相互作用。例如，可以将补给地下水的河流所在的网格单元设置为恒定水头，模型可计算出当地下水取水量增加时，流出河流水量的变化情况（图 7.4-1）。

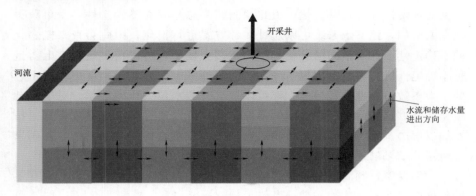

图 7.4-1　显示部分水流元素的三维网格单位示意图

当模型开始运行时，会逐步计算不同单元之间的水流和储存水量的进出变化。计算会在网格上多次进行，直到出现稳定的水位，这是因为利用模型对系统的变化进行了评估。模型可以作为静态模型来运行，这样的话就能够根据取水量变化计算出最终的水位结果。如果能够获取关于储水系数的数据，模型就可以作为瞬态模型来运行，开始抽水后的每个时间间隔结束后，都可以计算出相应的水位。

7.4.2　构建地下水流模型

目前，已经开发出了一系列可用的地下水建模软件包。其中使用最广泛的是 MODFLOW，它由美国地质调查局开发的一款开源软件。地下水模型的构建分为 3 个基本步骤：模型概化、模型构建和模型校准。

模型概化是指利用可获得的信息，将复杂的三维系统和系统中的地下水流过程，转化为单一的简化系统。可用的数据越多，概化的系统就越能接近现实系统。模型概化的目标是尽可能详细地确定出水通过补给和排泄在含水层中流动的方式。

模型构建是将概化的系统转化为三维数学表示，即地下水模型。它本质上是一系列代表水力参数、边界条件、地下水开采情况和地层结构的大型计算机文件。这些模型文件会输入到 MODFLOW 这类模型软件中。

在模型构建过程中，会给每个单元分配水力参数。校准就是对这些水力参数进行调整，直到模型预测的水位最大限度地接近实际水位。由于校准工作既复杂又耗时，因此经常使用 PEST 等专业软件。

　　模型校准后，便可以用来预测系统对未来发展场景的响应情况。由于模型对现实情况进行了简化，因此预测结果总是存在不确定性。受可获得数据的限制，地下水系统可以通过多种方式进行概化，因此会带来概念化的不确定性。针对不同的概化方法构建多个模型，可以在一定程度上对这种不确定性进行评估。出现不确定性的另外一个原因在于，使用不同组合的水力参数对模型进行校准，都可以接近观测水位或压力数据。对于复杂模型而言，这种由于校准引起的不确定性，可以通过不确定性分析这一技术加以解决。不确定分析是指使用合理的参数集合构建多个模型，并用来分析预测结果的差异。

　　大型模型是预测复杂系统影响唯一可行的方法。但是，只有在拥有足够数据的情况下，才能构建一个关于复杂系统的有用模型。专栏 7.4 - 1 是对一个复杂模型案例的简要介绍。

专栏 7.4 - 1

苏拉特累积管理区的复杂地下水流模型

　　大自流盆地占澳大利亚大陆面积的 1/5，是干旱地区重要的水资源。煤层气来源于瓦隆煤系，是大自流盆地的重要构造之一。煤层气开采过程中，需要从煤层中抽水使水压大幅下降，以便天然气从煤层中释放出来。从煤层中抽水不仅会对水井产生影响，还会影响位于煤层上方或下方被水井贯穿的含水层。地下水影响评估办公室负责预测水压下降对水井产生的影响，以便煤层气公司能够及时采取措施，应对水井供水即将面临的损害。

　　地下水影响评估办公室构建了一个覆盖范围为 460km×650km 的 MODFLOW 地下水水流模型，并不断升级该模型。该模型代表了 19 个地层，部分地层有多个模型网格层，因此总共有 34 层。网格中的单元最大尺寸为 1.5km×1.5km。模型使用了 7000 个煤层气井和 24500 个水井的地质数据，以及 500 条地震线的数据。模型总共模拟了 32 条区域断层。为获得构造尺度的初始水力参数，利用煤层气井的详细岩性资料和 13000 次渗透性试验（实验室测试、冲击试验和抽水试验）数据研制了数值渗透率仪器。目前，校准数据集包括约 480 个监测点的详细时间序列的地下水水位数据。校准工作是利用专业校准软件 PEST 进行的。

132

　　有关的法律框架也参考了《苏拉特地下水影响报告（2019 年）》的相关成果，并以此来监管煤气公司的经营管理行动。地下水影响评估办公室的活动经费实际上来源于煤气公司上缴的行业税费。《昆士兰州水法案》（2000 年）中制定了相关监管框架，该框架明确了地下水影响评估办公室的职能，是计收水费的依据。

第 8 章

地下水补给管理与保护

本章介绍了保护地下水水量免受土地利用影响的方法，以及增加自然补给以提高地下水供给量的措施。关键信息如下：

（1）土地利用变化，如土地清理、商业性造林、灌溉、采矿和城市化等，都会改变水量平衡的补给和排泄要素。

（2）为满足采矿或其他目的，而随意建设的水井和钻孔会改变含水层之间的联系，影响地下水流动。

（3）人工回补技术能够增加补给量。增加补给量的技术众多，包括成本相对较低的、增加自然补给的干预措施，以及直接向含水层注入地下水的技术。

（4）采取人工回补技术，尤其是在城市环境中，会产生水质问题，需要对此加以管理。同样，如果要利用地表水系统中的水作为人工回补的补给来源，那么在实施这一人工回补方案之前，也需要对该问题加以考虑。

8.1 简介

如果地下水系统中的取水量增加，那么地下水量平衡的其他要素也会发生改变。因此，就需要考虑取用地下水带来的影响，必要时还需要对这种影响进行管理。通过开展水利规划对地下水进行评估，为确定地下水可开采量提供技术支持。

地下水管理的主要内容就是通过实施相应的措施，确保地下水取用量不会超过地下水可开采量。但是，地下水管理不仅仅是对取水进行管理。首先，土地利用变化会影响水量平衡，无论是否会对地下水源造成污染，从水量角度出发，也需要考虑这种变化与水量保护之间的关系。其次，通过采取措施人为增加地下水补给量，可以增加可供抽取的地下水水量。

本章将讨论：①土地利用变化导致地下水水位升高或下降时，对地下水资源的保护（水量管理）；②增加地下水补给量的方法。

8.2　地下水水量保护

土地利用变化会使污染物进入地下水系统，从而影响地下水水质（见9.1节）。然而，土地利用变化也会影响水量平衡中的补给和排泄。对于地下水管理者而言，土地利用变化不在其影响或控制范围内，但地下水管理者仍然需要考虑以下两点：

（1）土地利用变化可能对水量平衡造成的风险和潜在后果。

（2）针对土地利用变化，从水量和水质的角度可能采取的地下水保护措施。

本节将讨论影响地下水水量的主要土地利用方式类型。

8.2.1　土地清理

与草地相比，森林等根系较深、叶片较大的地面植被会通过蒸散消耗更多降水量。一项针对28个国家不同气候区和地形条件下的250多个流域的研究证明确实如此。研究还表明，当降雨减少时（1000mm的降雨平均减少50％时），对于下垫面为森林和草地的流域而言，二者的蒸散差异会进一步扩大。因此，砍伐原始森林，并用草地取而代之，能够有效增加地下水补给量，从而使得地下水水位缓慢上升。

盐分通常会累积在非饱和区域。地下水水位上升会促使盐分流动，将其带入地表，或是将咸水排入河道中，或是造成低洼地区土壤的盐碱化（图8.2-1），这些影响通常称作旱地盐碱化。在很多清理土地以用作放牧和农业种植的地区，旱地盐碱化的缓慢发展已经成为一个严重的问题。地下水管理者应该让土地管理政策制定者充分认识到这一问题将会对地下水带来的风险。

8.2.2　人造林

为了维持土壤生态稳定或是保障商业性木材生产供给量，会进行人工树木种植。人造林会带来与土地清理对立的问题。与天然下垫面植被相比，种植的林木通常密度较大，生长速度较快，会消耗更多的降水，从而

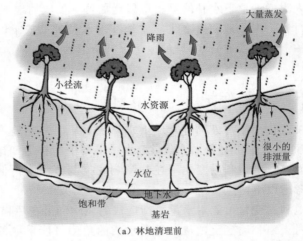

（a）林地清理前

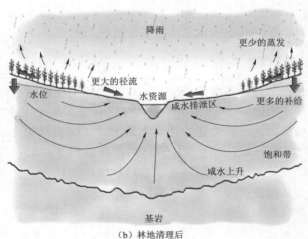

（b）林地清理后

图 8.2 - 1　林地清理后补给增加造成的水位升高示意图

减少地下水补给量和径流量。它们还会直接从浅层地下水吸收水分，导致周围地下水流向该片林木。人造林通常种在坡度较大的地方，减少了流向河谷地区的水量，而河谷地区是取用水和耗水需求更大的地区。

最初保护地下水资源免受人造林影响的一种方法是在风险区限制植树造林。比较典型的做法就是管制树木砍伐，具体的措施包括地下水管理者参与土地管理政策的制定，以促进政策制定者更好地理解人造林对地下水产生的影响。

另一种方法是将人造林使用的水量纳入水量分配体系，作为直接消耗性取用水进行管理。对于这种方法来说，有可能会导致大规模的植树造林，因为在一个水量充足的分配体系里，植树造林的用水户可以从其他用水户处购买水权。尽管这种方法会带来立法、规划和社会等各个方面的挑战，但南澳大利亚州依旧在采用该方法。

8.2.3　低效灌溉

高效灌溉是指灌溉所用的水量仅为作物蒸散发所需的水量，并将深层渗漏的水量控制在最小。低效灌溉是指灌溉所用水量要比高效灌溉所需数量大很多。就砍伐天然植被的情况而言，低效灌溉会增加含水层的补给量，导致地下水水位上升。在水力梯度增加的情况下，如果补给水量不能很容易地流经含水层，或是吸收多余补给量的含水层不是灌溉用水的水源，就会出现滞水现象，灌溉土地最终会产生盐碱化。

如果没有财政因素的驱动，灌溉效率会保持在较低水平。在坡度较小的土地上，沿着犁沟利用重力进行灌溉是最简单、最省钱的灌溉方式。但是，这种灌溉方式的效率较低。因为灌溉时水从犁沟上经过较长时间才能流到尽头，这就意味着靠近水源的犁沟上游会长时间处于浸水的状态，导致该处土地下方的含水层补给量增加。利用重力灌溉简单省钱，因此在水源相对便宜、便于获取的地方，倾向于采用该种灌溉方式。如果水源获取受限或是水价高昂，人们就会倾向于用灌溉效率更高的滴灌取代漫灌。

专栏 8.2 - 1

下伯德金地区地下水战略项目

下伯德金地区位于澳大利亚北部伯德金河的沿海冲积洪泛区。洪泛区由复杂巨厚的第四纪松散沉积层组成，含水层的横向联系非常有限，含水层下方是火成岩。从 1964 年起，当地开始利用地下水进行灌溉。

由横向连续性有限的非固结第四纪沉积物的复杂分层组成，覆盖在火成岩基底上。由于具有较好水质的供水地点分散，因此尽管从 1964 年就开始利用地下水进行灌溉，但一直没有得到大规模的发展。

1987 年，通过霍顿伯德金供水计划修建的渠道，地表水从伯德金瀑布大坝调入该洪泛区，以支持灌溉农业的发展。据估计，当时调水量的 12.5% 会变成地下水系统的深层补给。为避免地下水水位上升和土地盐碱

137

化，1989 年采取了联合用水政策，要求大多数灌溉用水户按照 1∶8 的比例分别取用地下水和地表水。

联合用水政策的作用有限。即使允许无限制地抽取地下水，但由于水井产水量低，地下水的含盐量较高，只有极少数灌溉用水户能够增加地下水的使用量。

解决地下水水位上升的主要办法是提高灌溉效率。将现有的漫灌方式改为全新的滴灌系统，需要大量成本。然而，通过缩短犁沟长度，也可以提高现有漫灌方式的效率。现有沟渠平均长度约 600m，部分沟渠长度超过 2km。如果将沟渠长度减半，可以大幅提高灌溉效率。但是，即使是这种改变也会涉及土地的重新配置，从而增加收割成本。

近几年的重点是通过实施一系列计划来鼓励灌溉用水户使用最佳灌溉方式，但是取得的进展非常有限，水位已经上升到了 10m。项目区约 15% 的灌溉土地水位已经离地面不到 3m。2017 年，昆士兰政府开始与用水户进行新一轮沟通，以确定下一步的努力方向。计划采取的一系列措施如下：

（1）教育建设计划。继续制定旨在提高灌溉效率的教育建设计划。

（2）实施行动计划。

1）计划将运行的排水孔将水排入灌溉渠道，水质合适的情况下，可以再利用或是排入湿地中。

2）通过渠道衬砌等措施，对计划修建的基础设施进行升级。

（3）监管行动。当地下水水位达到临界值时，限制地下水灌溉。

（4）价格激励措施。

1）改变地表水的水价结构，减少固定收费部分，增加可变收费部分，以鼓励人们减少使用地表水。

2）引入整体水价结构，即当用水超过高效用水的阈值时，水价便会上升。

8.2.4 采矿

大型地下或露天采矿作业的深度可能会达到地下水水位的深度，因此需要先对矿山进行水分疏干。通常通过在矿山周围打井抽水来降低地下水水位，在整个采矿期间都要保持这一水位。地下采矿作业会与重要的含水层相交，导致采矿期间从含水层中抽取的水量增加。露天采矿会在采矿结束后留下永久的矿坑，成为地下水通往外界的窗口，导致永久性的蒸发排泄。

地下采矿作业会使地下水系统暂时失去平衡，为克服这一影响，可以将矿井中的疏干水提供给其他用水户使用，以弥补矿井疏干对其他供水造成的损失。但是，该办法不适合露天采矿作业，因为露天采矿造成的影响是永久性的。因此，对于露天采矿而言，在批准采矿之前，就应该考虑采矿会对地下水平衡造成的长期影响。这就要求地下水管理人员早期便参与采矿审批程序，以确保能够充分考虑采矿对地下水产生的长期影响。

类似的考虑也适用于煤层气（也称为煤层甲烷）开采。开采过程中，煤层所受压力减少的情况不可避免，从而会对煤层中的地下水资源造成重大影响，并有可能对煤层上部和下部的含水层产生影响。尽管这种影响不是永久性的，但仍会持续较长时间。对于露天矿，在决定批准采矿项目前，就必须要考虑对地下水产生的不可避免的影响。

8.2.5 城市化

全球城市化进程都在加快。城市化对地下水补给的影响取决于诸多因素。在一些地区，城市化的土地都变成了表面硬化的道路等，雨水等也通过排水系统被分流，导致补给量减少，而不断增加的城市取水量使得该问题进一步加剧。在其他地区，大量砍伐树木用于城市化使得补给量增加，而城市供水管网的渗漏则进一步加剧了该问题。Minnig 等对相关因素进行了总结。

为应对不断发展的城市化，地下水管理者首先需要对地下水系统的趋势进行评估，然后支持与地下水良性管理目标相一致的城市发展措施，即使这些措施是从其他角度推动的。比如，城市化会出现地下水水位上升的趋势，那么地下水管理者就应该提倡减少城市供水管网漏损等行动，尽管这一举措的初衷通常是为了提高供水效率，而不是为了地下水保护。同样，如果出现地下水水位下降的趋势，地下水管理者应该支持修建径流滞留池等行动，即使这些行动的初衷是为了加强洪水管理，改善径流水质，而不是出于地下水保护的考虑。

8.2.6 打井

打井需要考虑很多因素，其中一些因素只有水井拥有者才会感兴趣，比如选取最佳的筛管放置地点，以及放置砾石充填设施，以方便水更好地流向水井，从而提高抽水的速度。但是，除此之外还需要关注很多与地下水保护以及水井的高效运行相关的事情。这些问题之所以重要，是因为打井会涉及不同的多个含水层，这些含水层的水压和水质都不相同。

在这种情况下，打井时要避免和含水层发生联系。如果存在自流条件，那么必须充分保持井的完整性，以长期保持自流压力，否则水流将不受控制。

在自流含水层系统和多重承压含水层系统中打井时，需要着重考虑以下内容：

（1）水井套管必须适合当地条件。钢套管相对便宜且坚固，但如果泵送过程中水体释放出气体产生酸性条件时，钢套管会迅速腐蚀。ABS、PVC、FRP 和不锈钢等惰性套管能克服这个问题，但是价格更高，并且各有缺点，是否适用取决于施工地点的条件。

（2）井套管必须位于钻孔的中心位置。钻孔完成后，要将套管放入钻孔中。钻孔和套管之间的环空要均匀，且有足够的空间，以便放置水泥使得套管密封在岩石中。正确放置水泥能够避免水沿着与套管外部垂直的方向流动，以应对不同地层之间的压力差。水泥还可以保护套管不与具有腐蚀性的水直接接触。如果套管未在钻孔的中心位置，套管将会紧贴岩壁，从而阻碍套管的有效密封，降低对套管的保护。

（3）水泥必须在有压状态下注入环空。仅使用重力注入水泥进行密封的技术是不够的。水泥应在有压状态下，通过套管底部注入环空。有效的钻孔固井对保证钻孔的完整性至关重要。

石油井和天然气井的建造标准通常更高，需要由技术更为娴熟的钻井团队完成。但是，石油公司关注的是比地下水含水层更深的地下层。关于石油和天然气钻探的法规要确保上覆的含水层与油井或天然气井完全隔离，这些井在废弃前也要经过适当的处理。同样，采矿的有关法规也要对弃用的采矿坑进行适当处理。

8.3　增加地下水补给

8.3.1　人工回补

早在农耕时代，人们就在低洼处修建塘坝，留滞径流以增加降水入渗。在 20 世纪中期，随着灌溉农业的发展，地下水枯竭，为应对这一问题，开展了早期增加径流的措施。这些措施的重点是增加可抽取的水量，对水质问题考虑得较少。然而，随着城市化进程中越来越多地利用地下水为城市供水，以及人们越来越多地考虑利用城市雨水径流（通常水质不是太好）作为补给水源，关注地下水人工回补中的水质问题变得越发重要。

因此，20 世纪后期人们开始采用人工回补这一术语，即有目的地向含水层补水，促进其恢复。它包括一系列正在不断发展的措施，以支持在地方和流域层面开展积极的地下水管理，通过联合使用实现水资源的高效利用，应对不断增强的极端气候，保护并改善含水层水质。在很多地区，全球变暖可能会使极端暴雨事件增多（第 2 章）。为此，地下水管理者将越来越多地通过实施人工回补项目，来增加地下水入渗。

8.3.2　人工回补技术范围

随着时间的推移，各种各样的技术被用于增加地下水补给。技术既包括简单的浅水坝或集水堤（可使径流长时间留在地表，从而在一定程度上增加入渗），也包括复杂的人工回补体系（包括精心设计的专用补给井）。因此，人工回补体系以多种形式呈现，主要取决于水源的可用性和类型，可持续供水的稀缺性和当地的水文地质条件。图 8.3-1 显示了人工回补的诸多措施。

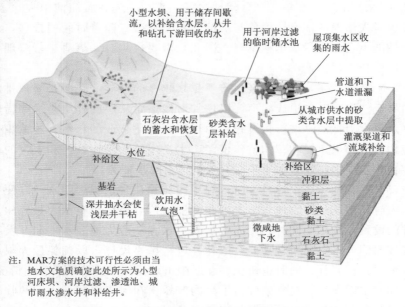

图 8.3-1　各种形式的工程型和随机型人工回补

人工回补工程大致可分为以下几种类型。

（1）堤岸下渗：在河边或湖边建造浅层收集井或排水沟（垂直或水平），通过泵取方式使地表水下渗，从各个方面改善水质。这类工程的历史悠久，可以追溯到 1880 年左右。如今，匈牙利、斯洛伐克和德国的饮用水供应都是靠这类工程，关于这类工程的设计、安装和限制条件有大量详细的研究。最近，更多的"海滩井"被用于海水导流，以作为海水淡化厂的预处理环节。

（2）河床改造：河床改造是一种常见的人工回补技术，它通过对河道进行小规模的物理改造进行蓄水，以降低河道中的水流速度，减轻河床侵蚀，从而为河床中的水下渗补给地下水留出更多时间。该方法通常运用于河床侵蚀风险最大的山谷边缘。但是，运用这种方法时，随着时间的推移，河床会逐渐淤积，该方法的效果会下降，很难对补给量增加的效果进行评估。

（3）入渗池：这是一项非常重要的人工回补技术，广泛应用于半干旱和干旱气候区的冲积平原。这是一种极好的水资源节约保护举措，能够避免不必要的入海损失。该方法是通过现有的灌溉渠道和专门修建的渠道，将洪水期间的河道水量转移到入渗池中（入渗池通常深度约为 2m，面积为 $0.5 \sim 2.0 hm^2$）。在输送到入渗池之前，水源要先在沉淀池中去除杂质，以减少对入渗池的堵塞。即使有沉淀池这个环节，随着时间的推移，入渗池的性能也会因为淤积迅速下降。因此，需要每年对入渗池进行清理和开挖，以保持工作性能。

（4）径流收集：城市地区建造了越来越多的可渗透路面，屋顶排水也被引导至"渗水"沟道或渠道，以增加对浅层含水层的补给。这些措施也在一定程度上抵消了城市化过程中由于路面硬化造成的自然补给减少。在农业地区，梯田建设和犁沟耕作也能产生类似的效果。城市和农村的暴雨储存在含水层中，能够为干旱时期提供可用的水资源。

（5）回补井：需水量减少时，利用回补井在含水层中蓄水，以便在需水量大时能够满足回收使用，美国和欧洲在这方面已经有了大量经验。回补井的设置通常试图同时利用大型水厂（水源一般为地表水）和开发利用程度较高的含水层。通常需要对回补井进行精心设计，以确保最大限度地对含水层进行回补，同时也避免含水层中出现任何突发的水质恶化情况。

（6）引洪灌溉：在气候较为干旱的区域，在河床中布设大型的临时蓄水工程和导流工程，将洪水期的河道水量引流至不同灌溉土地，多个世纪以来，干旱地区已在不同规模上采取了这种做法。引洪灌溉有多种好处，包括悬浮淤泥沉积带来的土壤改善，降低下游洪水风险，在种植作物前使土壤水趋于饱和，增加地下水补给等。因为增加地下水补给这一好处是偶然得之，因此这一做法可能不应该纳入人工回补技术，但是其对地下水补给量增加的贡献不应该被低估。事实上，已经有很多公开的例子表明，当放弃引洪灌溉方式，而采用更加先进和高效的农业灌溉方式（这种灌溉方式的永久性基础设施与引洪灌溉的要求是不匹配的）时，含水层补给量会出现明显下降。

在城市环境中，人工回补计划将会变得越来越重要，并作为覆盖范围更广的暴雨管理计划的组成部分，同时回补的地下水回收后又被用于供应饮用水中。在这些情况下，制定人工回补计划时，就需要在现有的暴雨管理政策和饮用水管理政策框架内进行。此外，也制定了相应的指南来帮助人工回补计划的规划和实施，确保在计划制定的早期就充分考虑不同政策之间的相互作用和风险。

8.3.3　实施和可持续性方面面临的挑战

制定人工回补计划时，始终都需要进行大量的水文地质调查和财政投入，但是目前的资金投入水平对于开展相关活动而言，是较大的制约因素。对所选择的人工回补工程技术进行深入的评估，确保该技术适用于特定位置的水文环境，这是非常重要的。同时，也要确保建设工作完成后的长期运行管理。

尽管估算人工回补工程的长期维护成本是一项重大挑战，但就目前大多数情况而言，不同的人工回补技术都发挥了较好的作用。自 1970 年以来，通过人工回补计划处理的水量增加了约 10 倍，达到 $10km^3/a$。目前，在人工回补计划执行情况良好的 15 个国家中，每年处理的水量以 3%～5%的速度增长。如今，一些国家人工回补的水量约占地下水开采量的 10%。但从全球范围看，这一数值还不到 1%。

在低地农业区，面临的一项制度挑战就是如何激励私人土地所有者提供土地以用于建造渗水池，从而增加地下水补给，如何确定补给水的"所有权"也是一项挑战（见第 9 章）。为补给基础设施的长期运行维护提供必要的、连续的资金支持，也是一项挑战。通过当地地下水用水户协会和水资源管理机构之间的合作，可以系统地解决上述挑战。

因此，成立当地的水资源管理机构，组建包括所有利益相关方的地下水管理组织，对于支撑人工回补计划的制定非常必要。通常只有当取水许可限制了取水上限、监测措施到位、污染排放得到有效控制时，设计和运行良好的人工回补计划才是可行的。

如果能够证明人工回补计划是成功的，就可以加以推广。但是，如果用于人工回补的水源是开发利用程度较高流域的地表水，则需要考虑回补方案对地表水及其相关生态系统的影响，并需要通过更加完善的地下水治理和管理措施来消除这种影响。最佳解决方案应该包括地表水和地下水的联合使用（见第 9 章）。

随着城市化进程的不断加快，以及对地下水资源争夺的加剧，将城市废水用于人工回补日益成为一种具有吸引力的方式。然而，这种方式面临的挑战是要对人工回补方案进行管理，以避免产生水质问题。因此，目前大多数城市的废水回用水平较低，已经利用这种方式进行人工回补的多是位于河道下游冲积平原的发展中城市，且废水大多未经过处理。根据各地不同的水文地质条件，这种回补方式对地下水产生的影响也是有差别的。然而，往浅层地下水含水层中回灌未经处理的废水，几乎不可能产出水质较好的地下水，因此通过这种方式回补的地下水严禁用于农业灌溉。需要对这种回补方式开展密切监测。

第 9 章

地下水取水管理：水量分配

本章介绍了管理地下水取水量的方法，关键信息如下：

（1）由于水资源特性不同，地下水分配体系应有别于地表水，但二者的边界划分往往并不明确。

（2）采用基于水量的分配体系对地下水灌溉进行监管，运行成本很高。有一种方法是利用替代指标分配水量，例如可将灌溉面积作为替代指标，提出基于作物灌溉面积的分配体系。

（3）除对取水量进行管理之外，地下水水量分配体系中还应该引入二级约束指标，比如监测井的最低水位，一旦达到这个水位，必须停止取水。

（4）当地下水系统中的水已经全部分配完毕，可以引入水权市场，在用水户之间重新分配水权（向更高价值的用途分配）。

（5）当地下水水流出现新的动态时，水量分配体系应该能够对取水权进行相应的调整。

（6）只有当人们对地下水开采的后果有了全面而广泛的了解，并为开采停止后的情况制定了计划，才是对社会负责的地下水开发利用行为。

（7）对已经超采的地下水重新进行分配，需要提高用水效率，并联合使用地下水和其他水源。

9.1　概述

地下水分配是指通过第 5 章所述的地下水规划过程，对可从地下水系统中抽取的水量进行监管。监管文件可以是关于地下水取用或地下水取用工程的主要法律。这可能包括对取用地下水的授权，例如向个人发放允许

145

钻井取水的许可证或执照，这些许可证或执照会直接或间接限制地下水取用水量。这些法律和规定共同构成了地下水分配体系。单个实体通过这些法律规定获得地下水取水权利，本章对此统称为地下水分配。

在地下水资源跨越多个管辖范围的情况下，不同管辖区之间会就水量分配系统中的共享或协调机制达成协议，从而会限制某一区域确定本辖区内的地下水水量分配体系。

在一个管辖区内，最初对地下水开发利用限制较少甚至几乎没有限制。随着地下水开发利用程度的加深，水量分配体系逐步得到实施，其实施形式也非常多样，主要取决于发展压力、对过度开采利用地下水相关风险的了解程度、地下水和地表水之间的水力联系、执行水量分配结果的资源支持，以及监管体系运行所依赖的法治体系。

当水量分配体系变得更加复杂时，一个行政区内对辖区内地下水取水和相应监测系统的管理就会需要更多的资源支持。如果逐步实施分配体系，避免分配的地下水资源超过其可开采量，则结果就是最佳的。本节概述了地下水分配体系的背景问题和可供选择的方案。

9.2　地下水和地表水之间的差异

古代部落首先选择在有地表水资源的地方发展。因此，一开始制定的水量分配体系通常是为了满足地表水的管理需要。这就导致了地下水水量分配体系的制定倾向于参考地表水水量分配体系。然而，地下水和地表水之间存在着根本性的差异，应该在分配体系中加以体现。

地表水和地下水的第一个区别在于，抽取的地下水水量可以通过地下水储量得到缓冲。相比之下，对于未经管理的地表水系统而言，可用水资源量在很大程度上取决于每年的季节循环。因此，在地表水水量分配体系中，通常会设定每年能够取用的最大水量。在某些情况下，设定的取水周期甚至更短，以确保每年流量最少时，河道中仍然有一定水量。一些地下水系统也具有同样的特点，比如每年由季节性河流补给的浅层冲积含水层。但是，对大多数地下水系统而言，取水量的短期变化因为含水层储水量得到缓冲。对于一个处于平衡状态的地下水系统而言，如果某年的地下水取水量小于多年平均取水量，含水层的储量就会增加；如果某年的取水量大于多年平均取水量，含水层的储量就会减少。为保持长期的水量平衡，需要保持稳定的多年平均取水量，而不是年度取水量。地下水水量分配体系对多年平均地下水用水量加以限制，而不是限制年度用水量，这就赋予用水户取用水的灵活性，可以联合利用地表水和地下水。

　　地表水和地下水的第二个区别在于，地下水是一种分布分散的资源。对于地表水来说，两条支流汇入点之间的河段上，取水口的布设位置并不会对地表水产生太大影响。相反，如果地下水的取水口集中在含水层的某一部位，那么不同取水井之间就会互相干扰，而且该区域的地下水储量会大幅减少。因此，与地表水水量分配体系相比，地下水分配体系要包括关于防护距离和分区的规定，保证地下水取水口可以更加均匀地分布在地下水含水层上。

　　尽管地下水和地表水之间存在较大差异，地下水分配应该纳入更宏观综合的水量分配框架，二者之间的差异为水资源的联合利用提供了机会，以便充分利用所有资源以满足各类用水需求。地表水和地下水的分配体系虽然由于资源差异而分开制定，但制定过程中都要考虑实现资源联合利用的目标。

　　虽然地表水和地下水之间存在上述差异，但两种资源的边界并不是泾渭分明的，因为地下水和地表水在一定程度上是相互联系的。在某些情况下，这种联系非常紧密，比如在靠近河岸的地下水井取水时，实际抽取的是河道中的地表水。一些地表水用水户故意从地下水井中取水，避免大流量事件对河道抽水装置的损害，同时利用含水层对河水进行过滤。在这种情况下，需要对地表水分配体系和地下水分配体系进行一定的整合。

9.3　地下水分配需求的演变

　　一开始，人们把地下水作为一种公共资源进行使用。各用水户根据自身需求和含水层的给水能力来取用地下水。一个默认的事实就是，地下水作为公共资源，能够无限满足所有用水户的需求，任何一个用水户取水都不会对其他用水户产生影响。

　　然而，如果邻居们打的水井距离很近，不同水井的运行会对彼此会产生很大影响，此时就会出现对地下水取用进行管理的首个需求。在这个阶段，水量分配体系会规定新井与现有水井或财产边界之间的最小避让距离。

　　随着对地下水系统了解的不断深入和用水需求的增加，需要针对集中用水制定固定的水量分配方案。在较为复杂的分配体系中，分配规则具有一定的灵活性，用水户可以利用地下水含水层的缓冲作用从中受益。具体措施就是可以将本年度分配的地下水水量未用完的结转到下一年继续使用。

当水资源规划中确定的地下水可开采量已经分配完毕，此时不应该再发放新的水权。在这个阶段，新增的水权需求可以通过建立水权交易市场来满足。水权市场通过提高用水效率，可以让地下水可开采量得到更好的利用。已经获得水权的用水户可以出卖部分水权，并用水权转让的资金来提升未转让那部分水权的用水效率。

由于水资源的日益稀缺和不同用水户之间的竞争，使得水量分配安排向着日益复杂的趋势演变，从而增加了监管成本（图 9.3 - 1）。例如，用水计量变得更加重要，必须按照规定对用水户开展可靠的监测。除了设定宽泛的可开采量上限外，规划程序也要通过解决不同用水户间的公平问题，在实施路径上达成共识。

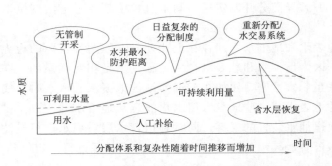

图 9.3 - 1　分配体系和复杂性随着时间推移而增加

在一个更为复杂的管理体系中，分配制度由水量分配方案、个体用水户水权和保护水权的法律组成：

（1）在考虑社会经济和环境目标的前提下，水量分配方案应该设定分配水量的上限。

（2）个体用水权（可称为取水许可或用水配额）应确定一定期限内的用水限额，或是明确水权的使用目的，比如生活用水。个人用水权证书应明确该水权的适用条件，比如靠近河道的某个监测井中的地下水水位低于特定水位时，就禁止取水。

（3）保护用水权的法律应确保个人用水权是安全的，不会受到其他用水户的侵犯。当监管机构根据实际情况变化需要对用水权进行调整时，在对个体用水权作出任何改变之前，法律应确保有一段时间的平稳过渡期。

大自流盆地地下水分配的演变历程

大自流盆地又称澳大利亚大盆地，是一个巨大的沉积盆地，占澳大利亚大陆面积的1/5。19世纪90年代，在大自流盆地建设了第一批取水井，目的是为牲畜养殖提供用水。当时，靠自流便能出水的情况似乎可以一直持续下去，水沿着诸多被称作井道的明渠流动，90%以上的水因为蒸发和渗漏而流失。随着水井数量的增加，水井的出水量越来越少，自流泉的流量也有所减少。

1923年，出于对自流压力下降的担忧，针对位于昆士兰州的大自流盆地，第一个管理规定出台，为控制建设标准和收集数据，发放水井许可证。当时用水需求主要是牲畜养殖用水、生活用水和城镇供水。

1954年，在大自流盆地各州共同开展数据收集和分析工作的同时，对各州水量分配体系进行了调整。任何新建水井都需要完全处于监管之中，水井中的水要通过管道分配到水箱和水槽中。但是，原有井道被保留了下来，因为完全用管道取代它们是不现实的。从首次开发利用大自流盆地的地下水起，已经建设了1500多口水井，到1954年，估计井道长度达34000km。

20世纪70年代，在位于昆士兰州的大自流盆地东部地区，饲养业成为一种新的用水需求。在地下水开发利用压力较大的地区，设定了用水上限；在用水压力较小的地区，发放了数量有限的新增取水许可证，并进行了水量分配。用水上限是通过行政命令设定的，对于拒发新取水许可证的行政行为，申请者有时能够申诉成功。

2000年，《昆士兰州水法案》（2000年）确定了水资源规划和水权框架。该框架确定了进行水资源规划的协商程序，以及处理取水许可（包括水交易）的有力法律基础。

2002年，根据新的立法，昆士兰州大自流盆地水资源规划开始实施。该规划：

（1）界定了大自流盆地的管理范围，并为每个管理区域划定了含水层组（管理单元）。

（2）为每个管理区域的每个管理单元设定了取水上限。

（3）在有需求且当前分配水量低于取水上限的情况下，通过招标出售

149

分配水量的程序。

（4）在需求量大且水量已经被分配殆尽的区域，区域内部的交易、该区域与其他区域的交易都加以限制。

此外，还采取了一些措施减少浪费。根据大自流盆地可持续发展倡议，昆士兰州政府和联邦政府向水井所有者提供补贴，帮助他们更换不受政府监控的旧自流井，用管道系统代替井道。尽管上述工作均是基于自愿开展的，现行水资源规划为自愿参与，并设定了 10 年的有效期限。到目前为止，约 750 口水井得以修复，32000km 的井道已替换成管道系统。

9.4　水量分配体系的整合

地表水和地下水资源是相互关联的，因此地表水和地下水的水量分配体系也要互相补充。例如，如果以地下水要为地表水系统贡献基流为前提来进行地表水水量分配，那么就要设定地下水取水量的上限。设定取水上限会引发不同用水户之间的公平问题，需要通过水资源规划程序加以解决。

随着水资源的分配殆尽，市场体系可以为新用水户提供一种获取水资源的途径，不过，水量分配体系也可以用于为未来的优先用水需求预留水资源。例如，可以对含水层的一部分划定分区，优先用于未来城镇供水，从而避免在该含水层分区投资建设灌溉基础设施。因为如果未来通过水权交易的方式将水从价值较低的农业用途转移到价值较高的城镇供水，那这些灌溉基础设施的建设将失去意义。随着水资源变得越加稀缺，地下水和地表水水量分配规则要与规划范围更广的土地规划紧密联系。6.2 节和表 6.2-1 提供了一份进行诊断评估的清单，以此来确定水资源治理体系（以及其组成部分之一，水量分配体系）是否完善。

9.5　地下水水权的界定

9.5.1　基于目的的分配

即使是在高度发达的系统中，地下水水权也可以混合多种类型。地下水通常可以根据用途或水量来分配。根据用途确定的水权为优先用水需求提供了一种获取水资源的方式，这些用途间接限制了可以抽取的水量，也不会产生根据水量分配水权所需要的管理费用。例如，即使在一个完全分配的系统中，在非城市地区，也可能允许不受限制地抽取地下水以满足生活用水和畜禽养殖用水。

分配体系中的规则为某一用途提供了使用权时，需要明确界定目的。例如，规则规定牲畜养殖用水的取用不受限制，就需要明确牲畜养殖是指露天放牧的养殖方式，不包括专门的养殖场，因为养殖场实际上是一种高耗水的工业。同样，允许以生活用水为用途取用地下水也仅限于农村地区，因为在人口密集的城市或近郊地区，生活用水的总水量会非常大。

9.5.2　利用替代指标分配水量

计量和强制执行的成本很高，以用水量为基础的水权体系实施难度很高，特别是在大范围内用水户数量众多而分散的地区，用水户对技术了解甚少且缺乏支持集体行动的社会基础设施。在这种情况下，可以通过控制用水的某一项投入，来间接地控制用水量。

控制允许灌溉的土地面积是方法之一。在了解了一个地区作物平均需水量的基础上，水量分配制度可以根据最大灌溉面积来设定水权。基于面积的水量分配制度，虽然管理成本低，但无法促进水资源的高效利用。然而，在因土壤渗透性强、含水层浅、灌溉效率低而导致灌溉水循环利用程度高的地区，按面积进行分配比按水量进行分配更有优势。在这样的地区，如果直接实施水量分配，则将有两种情况：一种情况，如果根据作物需水量来设定水量分配（即净取水量），则需要安装高效的灌溉系统，但不会产生任何实际效益。另一种情况，如果根据当前的总取水量进行分配，用水户会通过提高灌溉效率来扩大灌溉规模，这样反而增加了净取水量。这两种结果都不是我们所希望的。在这种情况下，可以说基于作物灌溉面积的分配制度，比基于水量的分配制度提供了更安全的结果。

为实现对总取水量的控制，可以限制打井深度或将水量分配制度用于限制深井。通常情况下，浅井数量众多，也最难直接通过水量进行有效监管，而深井往往拥有更高的出水能力和开采潜力。

在以电力作为抽水主要能源的地区，用电量可以作为用水量的替代指标。电费可以作为一种经济手段来限制用水量。专栏 9.5-1 提供了印度的实例，展示了电力供应的管理与地下水开采管理是如何联系起来的。

151

专栏 9.5-1

印度古吉拉特邦电力和地下水分配的共同管理

印度西海岸的古吉拉特邦有 6000 万人口，其中 45％的人口依靠农业灌溉为生，超过 77％的灌溉用水是地下水。近几十年来由于地表水日益匮乏，地下水的开采量也在增加。古吉拉特邦是印度水资源最紧张的地区之一。该邦有 100 多万口管井，对地下水开采开展水量许可和计量是不可行的。

自 1970 年以来，电力一直是抽水的主要能源。起初，电费是按电表显示的使用量计算的。然而，与电表计费和收费有关的腐败问题导致灌溉用水户颇有怨言，使得这一计费方式难以为继。因此，1988 年开始引入统一电价，收取的电费与水泵马力挂钩。由于电力的边际成本为零，出现了管井所有者向没有管井的邻居出售水的趋势，从而增加了地下水的开采量。随着电力需求的增加，供电能力下降，导致城市和农村用水户停电。

2003 年，该邦实施了名为"乔蒂项目"的计划，以共同管理电力供应和地下水的开采。城市和农村的电力分开供应。城市用水户的电力供应不受限制，保障程度高，但所需缴纳的电费较高；农村用水户每天可以在可预知的时间以较低的电价获得 8h 的电力。管井所有者可以根据可靠的限时电力供应规划抽水行为，更加高效地使用地下水。据估计，从 2001 年到 2006 年，该计划使地下水的使用量减少了 37％。减少用水量的实现主要是以没有管井的农民为代价实现的，因为他们发现向有管井的邻居购买水的成本越发高昂，难度也更大。有迹象表明，一些地区地下水消耗的速率已经放缓。

9.5.3　水位或盐度上限

调节地下水取水量是为了限制水位下降。如果没有足够的能力来限制取水，而水位下降到临界水平，可以选择根据水位高度来限制取水。根据这一方法，当特定观测井的水位下降至临界水位时，抽取地下水的权利将被暂停。其他情况下，设定取水权时可能会要求将关键水质参数维持在安全水平内，比如设定盐度上限（专栏 9.5-2）。

专栏 9.5－2

根据盐度水平限制抽水

在容易受到海水入侵的沿海含水层地区，地下水盐度是表征海水界面向陆地移动的指标，可以用来限制取水总量。澳大利亚北部先锋谷的沿海冲积含水层就提供了该做法的一个案例（2016 年先锋谷水资源计划）。计划确定了该地区 5 个可能受海水入侵影响的管理区。每个区域设有集中监控的指标监测井，当监测井的电导率（盐度）超过规定值时，则要减少一定比例的年度分配水量。此外，当指示井中水的盐度超过 $1500\mu S/cm$ 时，将禁止水权所有者取水。

9.5.4 水量分配

水量分配通过对分配水量的灵活使用来鼓励高效用水。用水户能够从水的高效利用中获益，比如能够扩大灌溉面积。但是，水量分配需要开展计量，所需成本较高。计量用的水表需要满足较高标准，以便针对用水户违反水量分配的行为采取相应的制裁措施。购买和安装水表的成本很高，特别是在现有水井上加装水表时。水井的维护成本也可能很高，特别是取水时水从静止状态上升到井口处，此时含水层水压发生变化，导致产生化学变化，生成钙或硅酸盐矿物，以及细菌等会发生沉积，形成淤积。

然而，随着对有限水资源的竞争加剧，以及对用水户按照分配水量取用水的要求越发严格，为大量取水行为安装水表变得越来越有必要。从为资源评估提供必要数据和为水费收取（水费可以覆盖系统管理的成本）提供计量的角度考虑，安装水表的必要性进一步增强。

9.5.5 水资源分配市场

由于水井供应的地下水是连续含水层系统的一部分，因此随着时间的推移，地下水被视作公共资源已成为一种趋势。尽管世界上仍有一些地区的地下水是归私人所有，但总体趋势是通过立法将地下水正式归属于国家，获取和使用地下水的权利独立于土地的所有权。国家通过分配制度给予土地所有者分配使用地下水的权利。在地下水开发利用的早期阶段，分配制度通常不限制地下水的取用。但随着资源的开发，不受限制的使用权逐渐减少。尽管在大多数管辖地区，土地所有者并不拥有水资源，但他们确实以水量分配或取水许可的形式拥有使用权，这些权利通常是附属于土地。当土地所有权发生变化时，相应的配水权利通常会转移给新的土地所有者。

当地下水系统中的取水量达到可持续开采量时，就需要将水量分配权从土地上分离出来，以便将其转让给含水层上方的其他土地上使用。这使得水市场得以发展，水量分配中未使用的水量可以转让给有额外用水需求的土地所有者，而水权的卖出方可以利用收益来提高未出售那部分水权的使用效率。水市场通常能够将水资源转移到其能发挥更大价值的地方。

水资源分配市场有两种主要形式。"临时转让"市场是指在特定的财政年期间（通常是一年），个人之间转让分配水量。临时市场可以有比如"干旱年份期权"等衍生品，即一个用水户从卖方那购买出售意愿，在特定的干旱条件下，可以临时转让水权。"永久转让"市场是永久性地转让水权以及持续取水的权利。

将水量分配与土地所有权分开是重要的一步。最初的一系列问题都是围绕行政安排展开的，具体如下：

（1）需要建立一个安全的系统来管理水量分配中的主要交易活动，如所有权的变更和抵押权等权益的登记。一个相对便宜的方案是利用现有的土地产权系统，对永久性的水权转让进行管理。

（2）需要一个更简单的系统来处理临时转让市场。临时市场比永久市场更有活力，因为临时转让是水权所有者应对季节性变化的手段，而不是长期的结构调整。

土地和水的分离会产生财务问题。当水权与土地所有权相关联时，所分配水量的货币价值构成了土地货币价值的一部分。当土地和水成为两个独立的资产时，土地的价值将会下降，所分配水量的价值至少相当于土地减少的价值。需要管理的问题如下：

（1）银行对土地资产的抵押贷款可能需要扩展到分配的水权资产上，以确保有合理的、长期稳定的安全性。

（2）依靠土地估价作为税收基础的各级政府需要对这些安排进行调整。

（3）土地所有者需要重新审视他们的遗嘱，因为遗产中的部分资产（土地所有权）的价值会降低，但遗产中会包含新的资产（水权分配）。

为避免出现不可接受的环境、社会和经济影响，需要制定交易规则。这些规则涉及水权具体内容的变化，例如取水地点。这些规则只在水权交易时才适用，个人之间转让水权时不适用。这些规则会对水资源规划过程产生影响，但不会对水权交易产生非必要的限制。例如：

（1）可能需要建立分区，并对不同分区之间可以转移的最大水量进行限制，避免系统中的某些部分压力过大。

（2）可能需要考虑限制不同用途之间的水权交易，如限制灌溉水量向城市用水的转移，避免交易产生不可接受的第三方社会影响。

澳大利亚气候干燥，地表水资源和地下水资源已经过度分配。自 2004 年以来，澳大利亚已经在很多流域将水权与土地权分离开来。与地表水相比，建立地下水系统交易市场更加困难，因为改变取水地点可能会对其他地下水用水户产生影响，从而需要更加严格的交易规则。2003 年，生产力委员会确定了澳大利亚境内实施水权和土地权分离交易的程序和对有关问题的管理。

9.5.6　适应性管理

适应性管理是为应对变化环境而改变管理方式。水资源管理中的适应性管理有两个层次。首先，由监测结果表明的，受短期条件影响而需要进行的调整。例如，如果干旱导致可用水量减少，那么监管机构需要在某一财政年期间内，按照可用水量同比例减少分配水量。与地表水系统相比，地下水系统开展这类调整的必要性不大，因为地下水系统的储量能起到缓冲作用。

其次，适应性管理的第二个层次涉及地下水系统可持续开采量随时间的变化。人们对地下水系统的了解逐渐加深，开采地下水对更大范围系统影响的相关认识也将逐步增加。此外，由于地下水的社会、环境和经济价值难以用同一种标准表示，地下水系统的可开采量本质上是在对社会、环境和经济价值多方权衡后确定的最佳开采量。因此，随着对与发展相关的社会、经济和环境价值认识的变化，地下水的可持续开采量也会随之改变。

因此，地下水的可开采量会随着时间的推移而变化，通过水资源规划程序，水量分配体系也应及时调整，以反映可开采量的变化。图 9.5-1 显示了监测结果和认知变化会导致水量分配体系中可利用水量的变化，也可能导致水量分配本身的变化。

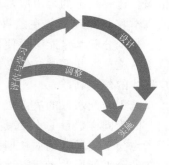

图 9.5-1　地下水开采会临时调整以适应季节性、认知和价值变化

9.6　开发利用程度较高的含水层水量分配

如果水资源规划过程中采用的可开采量低于当前的平均取水水平，那么水资源规划需要做好含水层持续消耗的准备，或是找到一条路径实现地下水采补平衡。实现地下水采补平衡会涉及以下情况：

（1）减少净开采量，可通过减少实际取水量实现。

（2）通过对地表水和地下水资源的联合管理（"联合利用"）来提高水资源总量的利用效率。

（3）通过实施人工回补增加补给量，从而增加可供分配的水量。

以下各节将讨论管理开发利用程度较高和已经枯竭的含水层的不同机制（与人工回补相关的措施已在 8.3 节讨论）。

9.7　减少地下水权利

如果用水效率提高，水的生产力会随之提高，从而可以减少地下水的开采量。提高用水效率需要投资更加高效的技术，例如节水型器具和更加高效的灌溉技术。然而，效率提高需要驱动变革的动力。驱动力包括水费，水费可以成为减少用水的经济激励因素。教育和实践推广不仅提供了关于提高用水效率的知识，而且还逐步改变了用水行为。

然而，规划过程可能会指出目前的分配水平和取水量是无法维系的，因为可能会对环境产生永久性不利影响，或是可能最终导致地下水资源的枯竭。这一结论的得出应基于对地下水储量变化趋势和维持现有分配水平的成本收益的理解。在这种情况下，应该减少用于分配的地下水的取水量。减少分配水量能够促使各用水户调整用水行为，包括采用成本更高的节水措施。这些调整必然会使用水户的成本增加，即使这些变化符合用水户群体的长期利益。

减少分配水量的决策很少会采用等比例减少所有用水户分配水量的方式，因为同样数量的水量减少对不同用水户的影响程度是不同的。同时还要考虑公平问题，例如长期拥有水权的群体和近期刚获得水权的群体之间存在的公平问题的考量。面临的挑战在于在不同的水权持有者之间找到减少分配水量的方式，并且应该是水权持有群体认可的最公平的方式。这个过程通常围绕两个问题展开：一是分配水量的利用程度；二是分配水量使用目的或行业差异。

9.7.1　基于利用程度的区分

制定减少分配水量的计划时，部分分配水量可能尚未得到完全利用，或根本未利用。通常这部分分配水量被称作"配水潜力"。

充分利用分配水量的水权持有者认为，他们在能产出经济效益的基础设施（如灌溉）上进行了投资，减少分配水量会使水权持有者产生严重的经济损失，同时也会减少经济活动。他们认为，应首先减少那些未投资基础设施、分配水量未能产生经济价值的水权持有者的分配水量，后续如果仍有减少分配水量的需要，再削减能产出经济价值的水权持有者的水权。

但是，"配水潜力"持有者通常认为，他们对生产性土地进行了投资，该投资包括附着在土地上的分配水量的价值。他们认为，与早期的开发利用者相比，对"配水潜力"持有者采取更加严苛的减水措施，是不公平的。

有关这些问题的具体解决方式因各种因素而存在差异，包括各类水源、其开发历史以及管辖范围内其他水资源的处理方式等因素。

9.7.2　区分不同用水方式

分配水量的减少对不同行业的影响程度是不同的。高价值产业已经具备了较高的用水效率，分配水量的减少会不可避免地减少高经济价值产品的生产，这些行业可能与用水效率较低的行业在同一环境下运行。用水效率较高行业的水权持有者认为，用水效率低的行业应该承担大部分减少的水量，以促进用水效率的提高。比较极端的案例是，需要减少分配水量时，用水效率较高的城市社区通常会受到保护。

9.7.3　减少分配水量的同时引入水市场

成功的水资源规划必然涉及用水户，以保证规划是高度统一决策的结果。因此，对于拟减少的分配水量，有必要考虑各方意见。但是，上述问题会变得非常棘手。一个切实可行的解决方案是等比例减少所有用水户的分配水量，同时引入水市场体系，给用水户提供应对自身分配水量减少的调整方式。例如，在市场环境中，高效用水户可以通过从低效用水户处购买水权，以抵消自身分配水量减少带来的影响。而低效用水户可以利用出售水权的收益来提升用水效率，即使用水规模会比原来要小。正如第2章所讨论的，由于地下水资源的分布特征，与地表水相比，要制定地下水的公平交易规则面临更多的限制。然而，通过确定系统单元的可开采量，可以明确地下水系统过度开采的状态，此时地下水市场有望得到发展。

针对不同用水户之间设定的这种"取水上限和水权交易"制度安排的另一种形式就是进入国家市场以购买分配水权。在这种制度安排下，可以使用公共资金从有意愿的卖家处购买水权，这一做法的基础是将地下水取水量恢复到可持续开采量的水平是符合公众利益的。康达明冲积层就是使用该方法的一个案例（专栏 9.7 - 1）。

专栏 9.7 - 1

减少澳大利亚墨累达令流域和康达明
冲积层的取水量

澳大利亚墨累达令流域（以下简称"流域"）是一个地表水集水区，横跨澳大利亚东南部大部分地区的 4 个州辖区。各州辖区对水的分配和管理负有主要责任。然而，为解决流域内大部分地区水资源过度分配的问题，各州开始采用统筹协调的方法。2007 年，根据 4 个相关州辖区之间的协议，联邦政府通过了《澳大利亚水法》。根据该法，墨累达令河流域规划（以下简称"流域规划"）于 2012 年获得批准。

流域规划为地表水资源和与地表水资源有水力联系的地下水资源设定了可持续引水限额。构成流域的 17 个地下水源区、13 个地表水源区和 6 个地表水与地下水混合水源区均设定了可持续引水限额。流域规划将每个水源区细分为独立的"资源单元"，每个单元也设定了可持续引水限额。

康达明河是墨累达令流域的一部分，康达明冲积层是一个与康达明河有水力联系的含水层系统。康达明中央冲积层是康达明冲积层的一部分，开发利用程度很高。2012 年，流域规划中为康达明中央冲积层设定了每年 4600 万 m^3 的可持续引水限额。随后，为严格遵守该限额，提供了相应的资金用于购买和回收超额分配的地下水水权。这是一系列管理措施中的最新一项，目的是实现地下水的可持续开采。管理措施如下：

（1）自 1950 年以来，康达明冲积层的地下水主要用于谷物灌溉，近期还用于棉花灌溉。据估计，峰值取水量高达每年 7000 万 m^3，远远高于流域规划中规定的每年 4600 万 m^3 的可持续引水限额。地下水水位稳步下降，尽管人们相信水位下降趋势已经得到遏制，但目前的水位仍然比开发利用前的水位低 20m。

（2）从 20 世纪 70 年代开始，开始对新增的水量分配加以限制，一开始限制范围在开发利用程度较高的地区，后来扩大到整个康达明冲积层。尽管限制新增分配水量在很大程度上避免了取水量的进一步增长，但这种限制缺乏法律支撑，有时会受到潜在用水户的质疑。用水户也会支持对现有水权的使用加以限制。

（3）2004 年，根据新的国家水资源规划和管理法规制定的康达明冲积层水资源规划减少了地下水的取水量。尽管地下水用水户的分配水权得以保留，但规划规定用水户所能取用的水量要减少 50% 以上，这一限制条件是在与用水户协商后达成的。虽然减少了取水量，但通过更多地汇集地表漫流，以及引入水交易，一定程度上缓解了取水量减少带来的影响。

（4）2012 年开始实施流域规划时，澳大利亚政府承诺出资 31 亿澳元，在全流域范围内回购水权，以使取水量下降到可持续引水限额。在康达明冲积层，通过招标自愿出售水权，到 2019 年水量分配总量已经下降到每年 4200 万 m^3，加上预估的牲畜用水和家庭生活用水，总取水量大致可以控制在可持续引水限额内。

总之，随着时间的推移，康达明冲积层水资源过度开发利用的问题已经通过以下一系列步骤得以解决：

（1）对新增配水的批准设置上限。

（2）与用水户协会协商，利用水资源规划和监管系统，减少现有水量分配体系下的取水权。

（3）引入水权交易，使新用水户能够获得分配水量。

（4）在条件允许的情况下，用水户增加非地下水水源的使用（联合使用）。

（5）利用公共资金购买和回购分配水权。

9.8 联合利用

当地下水资源开发利用程度较高时，可以联合利用地表水和地下水，以缓解地下水系统的压力。最早提出了联合利用的概念，即对地下水系统和地表水系统进行联合规划和调度，所产生的经济价值比两种水源单独使用时所产生的经济价值之和更大。在雨季，可以最大限度地利用地表水库中储存的水量，对地下水库进行人工补给。在旱季，可以利用地下水储备补充有限的地表水资源。

制定可能的联合利用方案时，需要考虑地表水和地下水相互联系的特点

（第 1 章中已经讨论）。利用地表水替代地下水，可能会对环境造成一定的影响，同时会影响人类对地表水的使用。鉴于地表水和地下水资源的不同特征，联合利用两种资源时，要重点关注如何通过联合利用充分发挥两种资源的作用。

9.8.1　水源置换

地下水水源置换是指利用地表水代替地下水。这种减少地下水取水量的方案避免了与人工回补方案相关的技术问题。水源替代的缺点与成本和供水可靠性有关。

成本主要涉及建设供水管网的费用，通过管网将替代的地表水输送给地下水用水户。供水管网的输水流量较为稳定，但用水需求通常较为多变，两者之间会出现不匹配的情况，因此还可能需要在重要输水节点处修建蓄水设施。对于任何按实际情况设计的管网系统来说，输水率必然是相当稳定的。但用水需求特别是灌溉用水，会因季节不同有很大的变化。水源置换这一方案往往对城市和工业供水更有吸引力，因为这类用水通常是向单个重要节点供水，需求量较为稳定。

与地下水供水可以通过地下水储备量进行缓冲不同，替代水源供水的可靠性问题与地表水流量的变化有关。虽然主要河道可以提供可靠的地表水替代水源，但季节性河道就不太适合作为替代水源。在管网系统无法提供地表水时，将地下水作为储备水源，可以解决供水可靠性问题。但是这一做法削弱了替代水源方案在减少地下水抽水量方面的总体效果。

9.8.2　综合方案

联合利用方案通常采用综合方案，既涉及水源置换，也包括人工回补内容。专栏 9.8－1 提供了城市和农村环境中一些可能的概念设置。

专栏 9.8－1

水资源联合利用的综合方案

联合利用方案通常采用综合方案，既涉及水源置换，也包括人工回补内容。以下是在假设的城市和农村环境中的代表性情况。

在城市的例子中，为增加地表水管网供水量，建设了大量的市政自备井，对城市地区的含水层系统造成压力。联合利用的综合措施包括以下几点：

（1）在较远的地方开发建设新的市政井群水源地以补充地表水供应，

减少城市地区的地下水开采量。

（2）制定人工回补计划，将城市再生水回补到地下水系统中。

这些措施将缓解地下水系统的用水压力，并通过增加地下水补给量减少净取水量。

在农村的例子中，灌溉区的某地利用灌溉渠系中的地表水进行灌溉，导致灌溉区下方的地下水水位上升。该灌区的相邻地区依靠私人水井抽水灌溉，对该地区的地下水系统造成压力。联合利用的综合措施包括以下几点：

（1）将渠道系统进一步扩展到利用地下水灌溉的区域，向更多地区的用水户供应地表水。

（2）在新增地表水供应量的地区，减少地下水使用量；在利用地表水灌溉且地下水水位有所上升的地区，增加地下水使用量。

这些措施将减缓地下水系统的用水压力。当地表水供应充足时，可以向更多用水户提供地表水；当地表水供应不足时，所有用水户都能利用地下水储备。同时，通过利用地下水，控制灌区的地下水水位上升。

城市和农村联合利用综合方案规划前后对比如图 9.8-1 所示。

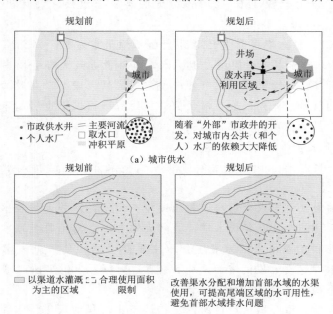

图 9.8-1　城市和农村联合利用综合方案规划前后对比

联合利用可以带来更好的总体水资源管理效果。但实施过程中会面临困难。专栏 9.8-2 提供了一个案例，即在城市环境中利用地表水管网供水替代超采的地下水的过程。

专栏 9.8-2

适应性监管方法应对城市过度取水及其影响
——以泰国曼谷为例

1. 20 世纪 50—80 年代的地下水资源开发

大曼谷地区（曼谷大都会圈）的发展覆盖了昭披耶河流域下游的大部分地区。该流域的下覆地层由较厚的新近冲积物和海洋沉积物堆积而成，包含多种"半承压含水层组"，这些含水层被较薄的弱透水层分隔开来，上覆全新世的黏土。从 20 世纪 50 年代起，该地区大面积开采地下水用于城市供水。开采工作最初由大都会水务局负责，到 1980 年时私人企业的开采量也越来越大，每天的开采量达到 50 万 m³。水井建设的主要目标含水层为埋深 180～250m 的第四次级含水层，设计出水量超过 50L/s。

到 1985 年，水资源开发已导致大面积地下水水位下降到海平面以下 40m。由于弱透水层释水固结，地下水水位降低导致大都会圈中心出现严重的地面沉降。地面沉降对城市基础设施造成巨大破坏，并增加了涨潮时发生洪水的风险。此外，地下水水位下降到海平面以下也引起了人们对海水入侵含水层的担忧。

2. 地下水管理举措

1985—1995 年：大都会水务局减少地下水开采，但私人水井抽水量增加。

最初的做法是要求大都会水务局逐步关闭水井，并以地表水替代给城市供水。到 20 世纪 90 年代末期，虽然大都会水务局不再抽取地下水，但家庭、商业和工业用水的水费上涨（主要是引调和处理地表水的成本），使得私人水井建设大规模增加，总取水量达到每天 200 万 m³。新建的水井主要有以下两种类型：

（1）包括大型公寓区在内的，支持城市化进程的家用供水井。这些井的直径为 100mm，深度约为 150m，出水量达 1000m³/d，成本为 5000～7000 美元。

（2）工业和商业水井。这些水井的直径为 $200\sim300mm$，深度达到 $500m$，出水量高达 $10000m^3/d$，成本约为 150000 美元。

在周边地区，3 个省级水务局每天会再抽取 40 万 m^3 的地下水。

1977 年颁布的地下水法案赋予了矿产资源部地下水司评估地下水使用情况的权力。到 1983 年，该司请求政府给予更大的权力来减少地下水的取水量，包括界定禁止打井的"关键区域"的权力、在有城市供水管网的地区关闭水井的权力、发放取水许可的权力、根据计量或估算的取水量收费的权力等。然而，所需的措施花了数年时间才在法律中得到充分定义和确立。1985 年，水费基本固定在名义水平（0.03 美元/m^3），对减少取水量没有实质性激励作用。但通过收费的确使地下水使用管理和信息库建设更加标准化。

3. 1995—2005 年：控制私人使用地下水的更有效措施

为将地下水取水量控制在环境可承受的范围内，根据地面沉降速率在时间和空间方面的趋势，所采取的协同行动如下：

（1）通过识别与地下水开采相关的新出现的地面沉降中心，重新定义"关键地区"。

（2）逐步提高地下水使用的费用，并将其重新调整为两个部分。

1）地下水使用基本费用（没有纳入管网供水地区的家庭用水除外）到 2003 年达到 0.21 美元/m^3。

2）地下水保护费用（仅在新确定的关键地区）为 0.21 美元/m^3。

3）因此，在关键地区，工业/商业用水户总共要支付 0.42 美元/m^3 的水费。

（3）大力实施处罚和水井关停行动。

（4）开展宣传地面沉降危害的公众宣传活动。

图 9.8-2 显示了这项政策在控制地下水抽水量和减缓地面沉降方面取得的积极成效。大曼谷地区现今仅有 4000 多眼获得许可的水井，由大约 3000 名业主经营，每年抽取水量为 5.8 亿 m^3（接近总供水量的 15%）。所有深度超过 15m 的水井都需要得到许可，因此从主要淡水含水层中开采地下水的水井均包括在内。然而，由于存在非法建设的水井和因政府机构所属而豁免许可的水井，据估计深度超过 15m 的水井的实际数量比获得许可的水井数量多 10%。

目前约有 58% 的取水许可由工业部门持有，但许多大型工业用水户已迁出大曼谷地区，以逃避日益增长的水费。另外两个重要的"取水群

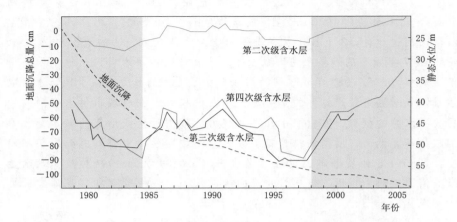

图 9.8-2　曼谷历史上的地下水管理干预措施和地下水系统反应

体"是城市私人住宅和大型公寓楼的家庭用水（36%）和一些公共供水机构的水源（6%）。目前，只允许在公共供水管网尚未覆盖的区域抽取地下水供生活使用，该区域覆盖了大都会水务局潜在运营区域的80%。

　　一些地区因供水管网的扩展而产生了高昂的费用（0.60美元/m³），同时水井使用者被要求关停其成本较低的自有井，由此引发了冲突。解决这个问题的方法是，允许水井用水户推迟接入公共供水管网的时间，即在下一次水井许可证更新之前（可长达10年）仍可使用水井取水。同时，在接入公共供水管网之后，还允许他们保留水井15年，作为备用水源，前提是水井必须要充分计量并接受检查。

　　为了支撑新的许可发放管理工作，地下水资源司（现名）的总部有大约25名工作人员，在组成大都会区的7个省级政府办公室各派驻了3名工作人员。

9.8.3　联合利用的优点

　　通过联合利用措施优化水资源的开发利用，不仅能促进地下水的可持续开采，还能带来其他收益。相关的措施包括全面提高生产力和更好地管理与水有关的问题。图9.8-3显示了一系列生产力和其他收益如何通过地表水和地下水资源的联合利用而相互关联。

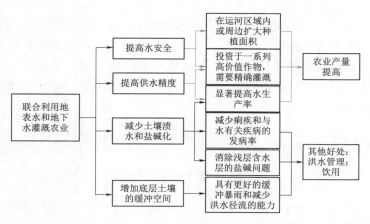

图 9.8-3　联合利用地表水和地下水资源进行农业灌溉的好处

9.9　地下水存储（地下水银行）

第8.3节讨论了人工回补计划的相关内容，人工回补是指通过工程措施增加自然补给过程。这类计划通常由水资源管理部门实施，主要目的是减少净取水量，使所有地下水水权持有者受益。但是，如果人工回补计划是由单个水权持有者实施的，目的是储存水量，以便日后恢复使用，那这一计划即变成了地下水存储（又称地下水银行）计划。

尽管地下水存储在概念上较为简单，实施起来却很困难。第一类困难涉及监管框架。大多数地区的法律体系都规定地下水资源为公众所有。因此，当水资源通过人工回补计划补给到地下水中时，这部分水便成为公共资源，用以支撑水资源管理部门发放的所有水权中的现状取水权。如果要建立地下水储存系统，通常需要从根本上改变监管框架，以保证人工回补计划的实施者能够回收利用储存的水。亚利桑那州的地下水存储的案例解决了这一问题，并且构建了复杂的储存系统（专栏9.9-1）。

建设任何的储存系统，都需要对地下水水流系统有详细的了解，同时要包括全面的水核算系统。如果人工回补涉及地表水的流动，那么用于人工回补的部分地表水量会因为蒸散作用损耗掉，而无法被再次利用。同样，如果地下水和地表水存在水力联系，那么人工回补计划导致的任何水位上升，都会在一定程度上导致天然排泄增加，或是天然补给减少。拉斯

165

波萨斯流域（南加利福尼亚州）的水银行提供了一个可能出现该问题的例子。2006 年，在不造成地下水水位大幅下降、地面沉降和海水入侵的前提下，人们发现人工回补计划的储水量，大大超过了实际上可抽取的水量。

全面准确地了解系统将最大限度地减少这些问题，但随着时间的推移，对系统的理解也需要调整。在亚利桑那州，所有补给水量都要留出至少 5％的损耗量（专栏 9.9－1）。

专栏 9.9－1

亚利桑那州的水银行

从 20 世纪中期起，亚利桑那州抽取地下水以支撑不断扩张的农业灌溉，导致地下水储量严重枯竭。至 20 世纪 80 年代，地下水使用的计量和报告成为强制要求，并确定了单独的管理区域，每个管理区域都制定了相应的管理计划。这些管理计划提供了实现水平衡的途径，包括实施人工回补计划，回补水源来自科罗拉多河，通过被称作亚利桑那中部项目的渠道系统引入人工回补区。最初的设想是通过存储地下水以备日后使用，但人们普遍认为储存的地下水应属于公共所有，这是此项工作面临的一个障碍。

亚利桑那州于 1994 年出台了《地下水储存和恢复法》，为地下水银行提供了一个法定框架。该法解决了储存水量的所有权问题。该法规定，某一个体回补到含水层中的水量，在回补行为实施的当年，可由该个体回收利用；或是可以给该个体发放"长期存储凭证"，以便在未来年份回收利用回补的水量，但是要扣除至少 5％的回补水量，以抵消各种损耗，比如流向盈水河中的水量增多或从亏水河中流入的水量减少等。在开展回补活动的区域内，可以从区域内的任一管理区中抽取水量用于回补。"长期存储凭证"还可以在不同个体之间交易。亚利桑那州水资源管理部门为地下水储存设施和取水设施的所有者颁发许可证，还负责维护储水和取水的账户。

一个复杂的市场体系已经形成，包括亚利桑那州中部地下水补给区和亚利桑那州水银行管理局。亚利桑那州中部地下水补给区经营地下水储存设施。当地的水资源管理规划中对补给区成员的地下水取水量规定了上限，取水超过该上限时，住宅开发项目可以付费注册成为亚利桑那州中部地下水补给区的成员，以抵消其他成员过度抽水带来的影响。

　　与亚利桑那州中部地下水补给区不同，亚利桑那州水银行管理局发挥的是长期作用。它的目标是保障该州的水安全，特别是未来各行政区会通过亚利桑那中部项目对科罗拉多河的水资源产生激烈的竞争。亚利桑那州水银行管理局将亚利桑那中部项目调来的水储存起来，以供将来使用。亚利桑那州水银行管理局的资金来自地下水取水费和财产税。

　　其他实体建设了地下水存储设施，或是利用各种水源来替代地下水水源。其中，原住民们根据和解协议中的规定获得水资源，但这些水资源远远大于他们的现状需求，因此他们修建了地下水储存设施，获取"长期存储凭证"，并出售给土地开发商或工业部门。图森市以前开采地下水作为水源，现在84％的供水来自亚利桑那州中部项目储存和回收的水量，并用这部分水量替代了地下水。图森市开发的设施还带来了其他提升用水效率的好处。图森市的地下水储存设施容量过剩，而亚利桑那州中部项目在凤凰城有过剩的水量无法储存。目前正在制定相应的计划，要将亚利桑那州中部项目分配给凤凰城的水量，通过该项目的基础设施调到图森市进行储存。当亚利桑那州中部项目供水不足时，图森市就将水输送至凤凰城，并通过"长期存储凭证"开采地下水。

　　亚利桑那州地下水储存系统一直面临一个问题，即通过"长期存储凭证"有权从管理区内的任何地方抽取地下水，并补给到其他管理区。这就会造成一个问题，即使区域水平衡有所改善，但局部地区可能造成过度开采的问题。当地正在持续探索相应的措施，希望找到一个平衡点，一方面可以具有鼓励水银行发展的灵活性；另一方面又对补给点和开采点之间的距离进行限制，避免局部地区出现过度开采现象。其中一项措施是增加补给点和开采点之间的距离，如此便可以让用于回补的水源来自更多的次级含水层。

第10章

地下水水质管理

本章介绍了可能引起地下水水质退化的原因，与地下水水质相关的问题及风险的确定方法，以及含水层保护和地下水水质管理的措施。关键信息如下：

（1）地下水的可持续开发利用不仅受到可用水资源量的制约，也受到水质的制约。采取保护地下水水质的管理措施，需要对引起水质恶化的原因、水质恶化可能带来的风险进行合理分析。

（2）导致水质退化的主要原因包括（咸水入侵和排水不畅导致的）地下水咸化、点源污染的局部影响以及农业土地集约化利用带来的面源污染。

（3）绘制含水层污染脆弱性评价图，编制地下污染物排放清单，并利用它们来评估污染危害，这对于保护地下水资源至关重要，据此可以明确那些最可能对含水层产生负面影响的活动，从而确定控制措施的优先次序。

（4）用于管网供水的地下水资源需要特别保护，最好的方式是划定水井保护区，并控制保护区内的危险活动，以减少出现重大地下水污染风险的可能性。

（5）保护地下水水质的管理措施包括限制水井建设和抽水；控制现有污染源，防止未来产生新的污染源；促进地下水友好型的土地利用方式；以及建立水井保护区。

10.1 地下水水质退化的潜在原因

10.1.1 概述

天然情况下，大多数地下水水质较好（水中微生物和化学物质含量合理），根本原因如下：

（1）对于入渗补给，底层土壤能够对补给水分中的粪便病原微生物和所有的悬浮固体及有机物进行过滤。

（2）补给水分在浅层地表停留时间较长（几十年到几千年），与之相比，水中病原体的存活时间较短（通常小于 50 天，极少数大于 300 天）。

（3）大多数含水层的基质溶解性较差，且不存在毒性。

长期以来，大部分的地下水在全球城乡地区的饮用水供应中发挥着重要作用，其天然的良好水质是关键因素之一。但是也有例外情况，一些含水层中的地下水天然就存在微量元素污染，会对健康产生危害（主要是砷和氟的影响）或困扰（主要是溶解铁和溶解镁的影响）。

如果未能对水井取水进行管理，或是未能控制地表浅层污染，地下水水质可能会逐渐恶化。因此，地下水的可持续发展不仅受到可利用水量的限制，也受到水质恶化的限制。采取管理措施保护地下水水质，需要对水质退化的确切原因或潜在风险进行合理分析。反过来，开展分析之前需要对潜在的污染源进行详细调查，并建立完善的监测网络和立项分析，确保能够识别出地下水系统面临压力时所受负面影响的趋势和特征。

需要关注以下三类地下水水质恶化的主要过程：

（1）各种物理过程造成的地下水盐度增加，包括因为水井取水控制不足或土地排水不充分造成沿海含水层的海水入侵或咸水入侵。

（2）点源污染对地下水的局部影响，特别是在含水层非常容易受到地表污染物影响的地方，尽管这一过程不应与井口污染（构造有缺陷的井口会让病原体或燃油等直接进入水井中，从而造成井口污染，但不会对含水层造成影响）混为一谈。

（3）农业土地的集约利用、化肥和农药的浸出、补给水的咸化等造成的更广范围的地下水面源污染，以及城市化过程中由营养物、有机合成化学物品和碳氢化合物燃料造成的污染。

10.1.2　地下水盐度增加的威胁

在全球范围内，许多区域，特别是半干旱气候区，严重受到地下水盐度增加的威胁。造成这种威胁的某些原因（有时是多方面原因），本质上是不同的（图 10.1-1）：

（1）无节制的水井建设和抽水对地下水的自然盐度分层造成过度干扰，包括因水井过度取水造成的咸水入侵沿海含水层。

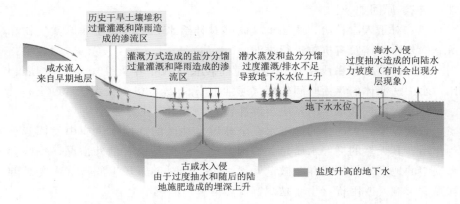

图 10.1-1 地下水盐度增加过程示意图

（2）过度下渗导致地下水水位上升，通常发生在自然排水能力不足的地区，由效率较低的地表水灌溉方式引起。

此外，因为土壤中的水分蒸散发，土壤中的盐分富集，并随着灌溉水重新流回含水层中（特别是地下水作为主要灌溉水源的地方，但不限于这些地方）。为农业发展而清除自然植被后，地下水补给增加，土地中的盐分也会进行迁移。这些将在"面源污染"的章节进行阐述。

地下水盐度上升后，修复成本很高，而且几乎是不可逆的。因为咸水入侵到大孔隙和裂缝中之后，会迅速扩散到多孔含水层的基质中。一旦出现这种情况，即使利用淡水回灌至含水层中，也需要几十年的时间才能将盐分冲走。

10.1.3 点源和面源地下水污染

不同污染源可能产生的污染物类型差异很大（表 10.1-1）。表 10.1-1 中列的所有污染物在某些类型的地下水系统中都有可能存在。就饮用水供应而言，可以通过成本相对较低的消毒设备和加强监测等手段消灭水中的粪便大肠菌群和大多数病毒。其他污染物（如硝酸盐和盐度），通常必须连接管道混合到其他水源中进行处理，这么做的成本通常较高。但是，去除表 10.1-1 中所列的微量合成有机物（其中一些在地下环境中具有高度持久性）和某些适应能力较强的微生物（如隐孢子虫或贾第虫），则需要成本较高的先进处理工艺。

自 1970 年以来，在工业化国家，关于人类活动造成地下水污染的报道越来越多，最近在处于工业化进程的国家和发展中国家此类情况也见诸报端。这与大规模发展的城市化、农业和工业生产有关，碳氢化合物的开发和采矿企业对此亦有责任。它们在地面上产生了更复杂的污染物排放（表10.1-1），这些污染物很难通过生物过程降解，或是污染物数量和浓度过大，超过了自然浅层地表的自净能力。

表 10.1-1　　　常见的地下水污染物及其相关污染源

污　染　源	污　染　物　类　型
农业活动	硝酸盐，铵，杀虫剂，粪便有机物
当地卫生设施	卤代烃，微生物
加油站和车库	芳香烃，苯，酚类，卤代烃
固体废物处理	铵，盐度，卤代烃，重金属
金属工业	三氯乙烯，四氯乙烯，卤代烃，酚类，重金属，氰化物
油漆和搪瓷工程	烷基苯，卤素碳氢化合物，金属，芳香烃，四氯乙烯
木材工业	五氯苯酚，芳香烃，卤代烃
干洗业	三氯乙烯，四氯乙烯
农药制造	卤代烃，苯酚，砷
污水淤泥处理	硝酸盐，卤代烃，铅，锌
皮革制革厂	铬，卤代烃，酚类
石油和天然气勘探/开采	盐度（氯化钠），芳香族碳氢化合物
金属和煤炭开采	酸度，各种重金属，铁，硫酸盐

　　地下水污染的形式可能是点源污染，也可能是面源污染。对小规模工业（尤其是纺织业、皮革加工、服装清洗和车辆维修等）场所化学品储存、处理和处置控制不力时，尤其容易形成点源污染，可溶物和油类溢出或排放到地下时，会对临近的水井取水带来严重的问题。通过系统的土地调查，通常可以很容易地发现这些污染。但要完全了解污染来源，往往需要在当地布设专门的监测网络，或是开展具体的调查。

　　与点源污染相比，面源污染要隐蔽得多，传播范围也更广。主要由以下原因造成：

　　（1）灌溉农业（有时也包括雨养农业）的集约发展。大量无机肥料和各种合成杀虫剂的使用，会导致浅层地下水中的硝酸盐浓度过高。同时，可溶性液体杀虫剂化合物一旦渗入土壤，其降解能力会明显下降。

　　（2）当地卫生设施的建设往往会导致补给率大幅提高，浅层地下水水质明显恶化，污染物有硝酸盐、溶解性有机碳和可能有毒的合成化合物。

（3）用仅经过最简单处理的城市废水对农作物进行漫灌，导致大范围的冲积含水层被污染，污染物主要有硝酸盐、溶解性有机碳和有毒的合成化合物。

10.2　地下水污染危害的评估

与地表水相比，地下水不容易受到人为污染。但是，考虑到地下水难以直接接触、涉及的水量通常较大、污染物从含水层基质中（从最小的孔隙和裂缝中）扩散出去的速度很慢等因素，地下水一旦被污染，清理难度非常大。较地表水而言，地下水污染事件的定位和评估、水质监测以及污染预防和修复等工作，也更加具有挑战性。

多孔介质的一个重要特征是天然具有稀释污染物的潜力，但不是所有的浅层地下剖面在这方面都具有同样的功效。因此，在识别需要采取特别措施以保护地下水水质的土地时，含水层污染脆弱性这一概念（尽管是简化的）非常有用。脆弱性可以通过半定量的方式评估，因为它是关于渗流层（或隔水层，可分隔含水层和地表）内在属性的函数（图 10.2 - 1）。

污染物会因为吸附作用不再进入含水层，或是通过生物方式进行降解。但在固结地层中，污染物可能通过优先路径向下迁移，这将大大增加含水层的脆弱性，这是需要考虑的重要因素。同样需要重点关注的是，在面临那些通常难以吸附或生物降解的污染物时，比如硝酸盐、盐分和许多人造的有机化学品，所有含水层都会非常脆弱。其中一些污染物不仅会对饮用水造成严重危害，还具有严重的生态毒理学影响。

任何特定地点的地下水污染危害都是源于下面两个因素的相互作用（图 10.2 - 1）。

（1）由于人类活动而正在、将要或可能在底层土壤产生的地下污染物。

（2）底层含水层的污染脆弱性，这取决于将其与地表分开的地层的自然特征。

含水层污染脆弱性通常被归结为以下几类：

（1）极端（易受包括微生物在内的所有污染物的影响，结果显现快）。

（2）中度（易受各种化学污染物的影响，但在中期不受微生物的影响）。

（3）轻度（仅受广泛使用或长期排放的持久性流动化学污染物影响）。

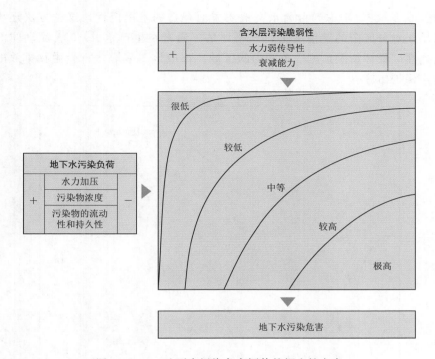

图 10.2-1　地下水污染危害评估的概念性方案

（4）可忽略不计（地下水基本上处于封闭空间，不容易受到地表活动的影响）。

绘制含水层污染脆弱性评价图，编制地下污染物排放清单，并将其用于评估污染危害，这是保护所有地下水资源的重要前提，因为这一过程能够确定出最有可能对含水层造成负面影响的人类活动，并据此确定有关控制措施的优先次序。

一般来说，对大多数类型的地下水水源（如用于农业畜牧业和农业灌溉、各种工业流程、私人水井、娱乐性用水等的水源）而言，可以通过上述方法对地下水资源的保护需求进行评估。然而，人们普遍认为，公共管网供水的水源（水井和泉眼）有必要开展更深层的危害评估和更严格的水质保护，主要方式包括在该地区划定采集区、采用与污染控制相关的特别预警机制。

应用水文地质科学和数值流量模型可以划定取水区和水井采集区，从而确定需要加强保护的土地区域，以确保井水或泉水可用于饮用水供应

173

（图 10.2 - 2）。考虑到目前水文地质方面存在的不确定性，这种方法还可以用于对分区图的置信度进行严格评估。通常在生产水井 50 天流动时间内，在"最坏情况预测"范围内的区域，都应该要采取防止微生物排放的特殊保护措施。

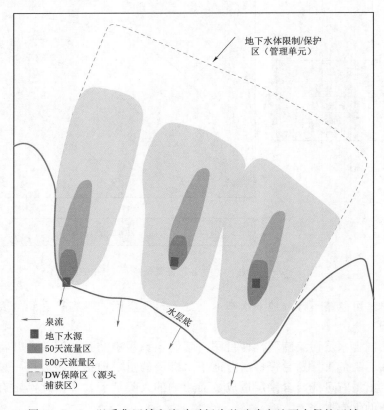

图 10.2 - 2　以采集区域和流动时间为基础确定地下水保护区域

　　在划定水井保护区时，还应针对污染脆弱性高的地区绘制地图，并对这些地区的危险活动进行适当控制，以降低地下水发生重大污染的风险。另外，还需要开展更有针对性的地下水监测，以便更加准确地确定地下水水质状况，在水质恶化初期如果能发现这一趋势，将会对含水层保护思路形成迭代反馈。

　　然而，对于复杂或不稳定的地下水流路径而言，水井流动时间周长和捕获区的划定可能面临诸多问题，因为相关参数的广泛变化会带来巨大的潜在误差。这种情况下，评估特定地下水饮用水水源地可能面临的污染危害时，含水层污染脆弱性将是主要的考虑指标。关于采集区精确界限的不确定性是可以接受的，但需要通过改进水位的动态监测加以完善。

10. 3　含水层保护和地下水水质管理

地下水污染通常是不易被发现的，而且污染产生的代价高昂。不易被发现是因为污染往往需要很多年才能在水井取水中完全显现出来，那时已经造成了严重污染。代价高昂是因为提供替代水源和修复被污染含水层的成本很高。事实上，想恢复到饮用水标准往往是不切实际或不可能的。对公共用水、敏感的工业生产、陆地生态系统和河道基流而言，地下水是非常重要的供水来源，因此为保证现在和将来的用水需求，保护地下水水质至关重要。

1. 不同规模的利益相关者参与

第一步是评估地下水水质面临的实际和潜在危害。做好这项工作，需要在适当范围内与所有主要利益相关方进行密切的沟通协调。同时需要认识到的是，通常情况下采用分区方法就足够了，但当地下水作为饮用水管网供水的水源时，就需要在地方层面开展更加详细的调查和评估（图 10.3 - 1）。

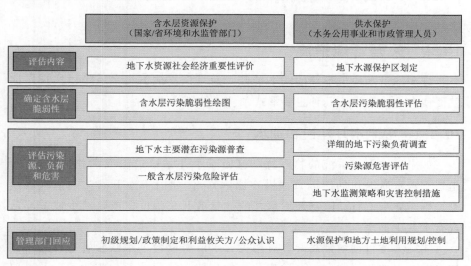

图 10.3 - 1　不同尺度地下水污染危害评估的重点和应用

此外，区分不同原因造成的地下水污染危害也非常重要，主要包括：因缺乏对水井取水的控制而产生的物理过程危害；特定点源污染造成的局部影响；农业土地利用变化、集约化生产和大规模城市化造成的影响范围更广的面源污染。

在对面源污染进行分析时，不仅要仔细评估污染物浓度的变化趋势（及其可能对地下水使用产生的影响），而且要确定哪些部门政策会导致地下水污染。

2. 潜在的污染者为含水层保护买单

"谁污染、谁买单"这一经济学概念被通常用于限制点源污染。这一原则将污染的外部成本纳入工业或农业生产的成本，而不是让社会来承担。然而，地下水污染的举证责任很重。因为含水层系统中的污染物运移时，其水力复杂性和较大的滞后性，使得确定谁该承担责任变得非常困难。因此，上述方法并不容易适用，而且在保护含水层方面基本是无效的，因为一些污染物在地表存在的时间极为持久。就地下水而言，"谁污染、谁买单"的原则必须被解释为"潜在污染者承担含水层保护所需的费用"。从空间分布看，因为土壤剖面和底层地质条件的不同，不同地区的费用存在较大差别。其中最重要的，位于地势较低的地下水补给区的潜在污染者，需要承担最多的费用。

10.4　关键管理措施

许多地下水污染事件的成本攀升，而且恢复地下水水质难以实现，这就促使人们采取以下几种主要形式预防、控制污染。

10.4.1　限制水井建设和抽水

如果对地下水系统的物理扰动（由于水井钻得过深或水井抽水过多）是地下水水质退化的原因（或潜在原因），例如由于地下漏斗或咸水入侵等，则需要采取行动限制新增水井的数量或开采深度，或是减少或放弃从现有水井中抽水。

实施上述行动通常需要针对相关含水层采取地下水联合管理计划，例如采取适当的监管规定、利益相关方的支持、强化地下水监测，以及采取适当的强制措施等，以及对非法建设或使用水井的情况进行处罚等。

10.4.2 控制现有污染源

为控制现有的潜在地下水污染源，应综合采取地下污染物排放清单、含水层污染脆弱性评价图和水井采集区计划等优先措施，以确定哪些活动造成了最严重的污染危害。相关行动可能包括以下几点：

（1）修改污染源的设计。

（2）安装一个站点级别的地下水水质监测网络，当某地需要采取紧急行动时，能够及早发出预警。

表 10.4-1 列举了为减少现有（潜在）地下水污染源的风险或影响可能采取的管理措施类型。

表 10.4-1　针对潜在污染源造成地下水污染所采取的管理措施

污　染　源	可能的限制	替　代　方　案
化肥和杀虫剂	满足作物需求的养分和农药管理；控制施用率和时间；禁止使用特定的农药；规范使用过的容器的处理方法	无
当地卫生设施（厕所、粪坑、化粪池）	如果用水量大，选择化粪池；严格化粪池设计标准	污水管网
地下储罐/管道	双层衬砌	安装地面泄漏检测装置
家庭和工业固体废物处理	基层和表面的防渗，渗滤液的收集和回收或处理，监测影响	远程处理
农业	基地防渗	无
市政	基地防渗	污水厂处理
工业	监测影响	远程处理
墓地	墓穴表层排水的防渗处理	火葬场
废水注入井	调查和监测	污水厂处理
	应用严格的设计标准	远程处置
矿井排水和废物处理	操作控制；监测影响	污水处理（pH 修正）

10.4.3 预防未来的污染源

地方的土地利用规划中应纳入地下水保护需求和相关考虑，以确保敏感地区不会开展高风险活动（如特定的新工业场所、密集的牲畜养殖、主要的运输路线和采矿企业）。要实现上述目标，可以将含水层污染脆弱性评价图和地下水采集区规划的运用作为地方规划的一部分。此外，必须对主要的新开发项目进行系统的环境影响评估，包括地下水污染危害评估。

10.4.4　促进有利于地下水保护的土地利用方式

含水层补给区的土地利用对下渗到地下水的水质和水量都会产生重大的面源影响，因此需要系统考虑土地利用方式与地下水管理和含水层保护的联系。迄今为止，利用地表水进行农业灌溉的影响最大。清除自然植被，将牧场转为耕地，加强旱地农业，出于商业目的重新造林或植树造林等，也会对地下水含水层造成显著影响。

土地利用的决策通常属于地方政府的范畴，同时受国家农业政策的影响很大。因此，对土地利用的控制并非易事，需要开展跨部门对话和政策衔接。特别是针对集约耕种（大量使用化肥和杀虫剂）造成的面源污染时，通常只有通过协商或是为生态系统服务付费才能实现。

在地下水水质保护和农村及城市土地使用规划和投资之间，需要建立一种协商机制。在地下水作为市政战略供水水源或是地下水具有关键生态功能的地区，促进这种协商机制的一个方法是通过法规条款来明确地下水特别保护区，从而为水资源管理机构和地方环境机构提供一个平台，以便在特定地区优先对土地利用措施加以限制。

10.4.5　确定水井保护区域

当地下水作为公共饮用水管网供水的水源时，就需要重视含水层污染脆弱性评价图的绘制，主要措施有划定水井保护区，并对这些地区的危险活动采取适当的控制措施，以降低出现重大地下水污染的风险。同时，还需要开展更加具有针对性的地下水监测活动，以确定地下水的水质状况，并识别出所有水质退化的趋势，以支撑适应性管理。

在饮用水保护区内，最理想的状态是通过法规条款和经济手段等禁止在该区域开展危险活动，而不是控制这些危险活动的设计和执行。表 10.4－2 列出了水井保护区内常见潜在污染活动的可接受度。

表 10.4 - 2　　　水井保护区内常见潜在污染活动的可接受度

需要采取控制措施的潜在污染性活动	按来源保护区域划分			
	作业区	微生物区	中间区	整个区域
化粪池、粪坑和厕所				
个人财产	N	N	A	A
公有财产	N	N	PA	A
公共加油站	N	N	PN	PN
固体废物处理设施				
城市生活	N	N	N	PN
建筑/惰性	N	N	PA	PA
工业危险品	N	N	N	N
工业（一类）	N	N	N	PN
工业（二类和三类）	N	N	N	N
墓地	N	N	PN	A
焚烧炉	N	N	N	PN
矿物开采				
建筑材料（惰性）	N	N	PN	PA
其他（包括石油和天然气）	N	N	N	N
燃料管道	N	N	N	PN
工业场所				
一类	N	N	PN	PA
二类和三类	N	N	N	N
军事设施	N	N	N	N
渗入式潟湖				
市政/冷却水	N	N	PA	A
工业废水	N	N	N	N
渗入式排水				
建筑物屋顶	PA	A	A	A
主要道路	N	N	N	PN
小路	N	PN	PA	PA

续表

需要采取控制措施的 潜在污染性活动	按来源保护区域划分			
	作业区	微生物区	中间区	整个区域
市容区	N	PA	PA	A
停车场	N	N	PN	PA
工业用地	N	N	N	PN
机场/火车站	N	N	N	PN

> 注　N 为几乎所有情况下都不可接受；PN 为可能不可接受，除非在某些情况下需要进行详细调查和特殊设计；PA 为经过特定调查和设计后可能可接受；A 为可接受，但需符合标准设计。

　　此外，还有必要针对潜在污染者引入经济激励和支持，以改善现有工业场所及其废水处理、加工、再利用和处理设施，最大限度地减少固体垃圾的产生并对其进行安全处置。此外，可能还需要对不遵守规定的行为进行严厉制裁（对遵守规定的要进行奖励）。

　　井口卫生调查可以作为水井保护区划定的补充措施，或是可以在村庄水井产水量较小的情况下作为替代方案。调查范围通常是距离生产水井 200～500m 的地方，主要是通过直观观察的方式对相关潜在污染源的风险进行评级。

专栏 10.4-1

英格兰的水源保护区

　　在英格兰，地下水提供了 1/3 的饮用水，在南部一些地区，以地下水作为水源的饮用水占比高达 80%。对于作为公共饮用水供水水源的水井、井眼和泉水等地下水水源，英国环境署将其确定为水源保护区。

　　这些区域表明了有可能造成地下水污染的活动的污染风险水平。地下水源集水区被划分为以下三个主要区域，其中两个根据潜在污染物的流动时间确定，第三个根据水源集水区确定。

　　(1) 内层保护区（1 区）：离水井或井眼最近的区域，是风险最高的区域。该区域的划定旨在针对可能对地下水源产生影响的人类活动，特别是微生物污染，采取相应的保护措施。该区的划定标准是：该区域地下水水位以下任何一点的污染流动到地下水水源的时间在 50 天以内，水源周围最小半径 50m 的范围。

（2）外层保护区（2 区）：该区域地下水水位以下任何一点的污染流动到地下水水源的时间在 400 天以内。水源保护区 2 区被定义为最小补给区，用以支持 25％ 的被保护产水量，水源周围最小半径 250～500m 的范围，具体取决于取水口的大小。

（3）流域源头保护区（3 区）：在该区域内，认定所有地下水补给（无论是来自降水还是地表水）都在取水源头处排出。它涵盖了源头的整个集水区，其依据是假设所有的水最终都会到达取水点，以维持取水所需的水量。对于开发利用程度较高的含水层，流域源头保护区可以划定为整个含水层补给区。流域源头保护区的划定是为了避免含水层水质的长期恶化。

水源保护区被用来指导规划决策，对于新的开发项目，需要证明其与水源地的敏感程度相适应，并且采取适当的缓解措施。在评估开发项目时，这种分区方法可作为一种风险筛选工具。在地下水面临风险较高的地区，该方法还可以作为开发商和监管机构的表征指标。

10.4.6　处理受污染土地的遗留问题

大片的城市土地和许多分散的农村场地，曾因为某些类型的工业、采矿或军事活动被正式占用。由于历史原因，这些活动对土地产生了严重的污染，活动停止后这种污染可能还会持续几十年。这种类型的受污染土地会对地下水产生严重的污染负荷，因此需要开展"受污染土地风险评估"，以评估对人类健康和环境可能产生的直接和间接影响。以下标准通常被用于决策：

（1）对人类健康产生影响的概率大，需要立即采取修复措施。

（2）中等概率，需要进行成本效益研究和不确定性评估，以评估修复行动是否合理。

（3）低概率，不需要采取修复措施，但仍建议在局部地区开展预警性监测工作。

10.5　地下水水质的天然危害

10.5.1　概述

虽然大多数情况下地下水的水质优良，其中的微生物和化学物质数量适宜，但有时少量微量元素的存在，导致地下水不适合或无法被人类使用。许多微量元素对人类（和动物）健康而言是必不可少的，但仅限于浓度较小的情况，有些微量元素浓度较高时便会产生危害（例如氟化物）。其他元素（例如砷）即使浓度很低，也会对健康产生危害。鉴于某些元素（砷、氟和锰）已经对地下水水质造成影响，下文将详细讨论这些元素。地表污染活动也会造成某些微量元素的浓度增加。从管理角度出发，区分人为影响和自然发生的问题是很重要的。

在 21 世纪，到目前为止，发展中国家最大的水质问题仍然是通过水传播的病原性疾病，这在很大程度上是因为卫生保护措施不足而导致的饮用水粪便污染。但是，一些地下水供水中自然存在的某些微量元素浓度超过了世界卫生组织饮用水准则的标准（对水的消费者的健康有长期的影响），这也是必须要面对的问题。近几十年来，以下三方面的进展引起了公众对地下水供应中无机物水质的关注。

（1）分析水中小剂量溶解成分的能力加强，已从毫克/升（mg/L）到微克/升（μg/L）的水平。

（2）流行病学研究取得了进展，更加深入地了解持续摄入微量污染物对健康的长期影响。

（3）很多国家居民的健康状况和预期寿命都有了大幅提高。

地下水水质天然就会存在问题，这一发现引起了诸多利益相关方的关注（社区团体、地方政府、活跃在供水和公共卫生领域的非政府国际组织、地方研究和教育中心、水井钻井承包商等）。

10.5.2 自然水质危害

雨水在渗入和渗出地表过程中，会在土壤或岩石剖面发生反应，并吸收二氧化碳，由此产生的弱酸溶解了可溶性矿物，从而为地下水提供了必要的矿物成分。九种主要的化学成分（Na、C、Mg、K、HCO_3、Cl、SO_4、NO_3、Si）构成了天然地下水中 99% 的可溶性物质。每一种物质以及相关微量元素的比例，反映了地下水的流动路径和与地下水相关的水文地质化学演变过程。

与干旱或半干旱地区相比，湿润地区补给区的地下水总体矿化度可能较低。前者由于蒸发较大且地下水流动较慢，因此矿化物的浓度要高得多。在某些地质环境中，特定溶解物质的浓度会上升，比如一些基底岩石的风化或是沉积序列中石膏的溶解造成硫酸盐浓度升高。

三种微量成分（表 10.5-1）是目前关注的焦点：

表 10.5-1   地下水中潜在的天然微量污染物

微量元素	世界卫生组织饮用水导则	健康价值及使用限制	浓度变化的水化学控制	水处理现状[①]
砷（As）	$10\mu g/L$ (p)[②]	有毒/致癌危险，特别是由于通常以无机物形式存在（砷或砷酸盐）。因此，世界卫生组织的指导值最近从 $50\mu g/L$ 降低至 $10\mu g/L$	在异常的（高度缺氧）水文地质化学条件下，或在酸性水文化学条件下硫化物矿物的氧化过程中，铁氧化物通过键合释放出复合物	氧化和沉淀（不需要化学添加剂）往往存在不可靠的问题，那些包括混凝或共同沉淀及吸附的方法更加有保障
氟化物（F）	$1500\mu g/L$ $(1.5mg/L)$	必要的元素，但理想范围很窄——低于 $500\mu g/L$ 会导致龋齿，高于 $2000\mu g/L$ 和 $5000\mu g/L$ 会出现严重的牙齿问题和骨骼氟中毒	缓慢循环会促进水文化学或热力条件，使得花岗岩或火山岩层中的含氟矿物溶解	用石膏或石灰/铝混合物进行沉淀，或用离子交换树脂（活性炭、氧化铝）等进行过滤
锰（Mn）	$100\mu g/L$ $500\mu g/L$ (p)	必要元素，但含量过高会影响神经功能；含量较低会导致衣物/器皿染色，使水具有金属味，因此世界卫生组织采取双重指导原则	土壤/岩石中丰富的固体元素；在有氧条件下，高度不溶性的形式是稳定的，但在越来越严重的酸性或厌氧条件下变得可溶	通过曝气和过滤进行沉淀，通常要事先进行沉淀。与可溶性铁相比，操作难度更小

① 尽管在家庭或村庄一级可能有小规模（成本较低）的方法，但这些方法平摊到单位数量时成本较高，而且有效性和可靠性不高。

② （p）根据可接受性而非健康理由确定的数值。

（1）砷（As）。目前最令人担忧的微量元素，低浓度时具有毒性和致癌性。对能够提升该元素在地下水中溶解性的水文地质条件范围，人们才刚刚有所认识——该元素在地质年代较新（全新世）含水层中强还原条件下浅层区域的流动问题需要特别关注。在亚洲东南部的冲积三角洲地区，该问题使得原本成本较低的供水变得非常复杂。目前，氧气含量极少的地下水产生的机理、促进砷元素流动的机制，以及水井抽水灌溉造成的砷元素向下迁移的程度等问题，仍然存在争议。许多情况下，含砷量较低的地下水目前仅在地质时间较久（前全新世）的深层含水层中存在，有时在与地下水水位相交的浅层水井中也会出现。但是，在开采利用这类地下水时，为避免出现"交叉污染"，需要特别小心。

（2）氟化物（F）。该元素有时是缺乏的，但在农村地下水供水中，该元素浓度过高可能会带来问题。在非洲和亚洲的火山、花岗岩和其他一些地形中，特别是在气候较为干旱的地区或是长期干旱的时期，该元素浓度上升的情况较为普遍。

（3）锰（Mn）。自然发生或是人为引起的地球化学过程会消耗溶解氧，导致地下水条件退化，此时锰元素多以可溶性形式出现在地下水中，酸性条件下浓度更高，此时溶解度最高。与可溶性铁一样，锰元素浓度升高会使得地下水的味道变得难以接受，用作洗衣水时会导致衣物染色，因此无法作为供水水源。同时，人们也越发担心可溶性锰的浓度升高会对人类健康带来长期危害。

世界卫生组织还将许多其他微量元素（主要包括镍和铀）列为饮用水中的潜在危险，需要谨慎地检查水中是否存在这些元素。特别是循环缓慢或是有明显地热特征的含水层，开采利用这些含水层的地下水时，需要特别关注其中的微量元素。

10.5.3　对天然水质问题的管理

当用于家庭生活供水的含水层中地下水微量元素浓度过高时，必须立即确定应急计划，并制定长期战略纲要，以应对可能存在的问题（表 10.5 - 2）。

表 10.5 - 2　　　　应对天然地下水水质危害的管理行动摘要

行　动	有待解决的问题
	短　期
问题评估	（1）地下水水质调查的适当范围（地方/省/国家）； （2）选择适当的分析方法（现场工具包/实验室方法）； （3）政府倡议与个人责任； （4）提供水文地质化学解释方案的专家建议； （5）评估其他可能存在的地下水水质问题
供水管理	（1）关于水井使用的建议（社区信息/水井关闭或标识）； （2）关于水井转换的实际和社会考虑； （3）现场分析筛选的优先顺序（以确定安全的水井）； （4）适当的筛选政策（通用的或是选择性/临时频率）
公共卫生计划	（1）病例的确定（积极方案或是通过医疗咨询）； （2）确定健康问题和水资源之间的关系； （3）诊断初期症状； （4）立即对患者进行治疗（组织提供瓶装水）

续表

行　　动	有待解决的问题
长　　期	
水处理方案	不同运用范围的成本（城镇/村/家庭）和不同实施范围的效果即可持续性
替代地下水供应	通常涉及改造水井取水口（通常在更深的地方）或是利用当地产水量更高、水质可接受的水源，两种方式都要基于系统的水文地质调查，实施时要采取合适的水井建设标准
替代性地表水供应	（1）干旱时期供水可靠度和不同水质要求的可持续性； （2）水处理厂无法正常工作时的风险评估

应急计划可能包括以下内容：

（1）开展适当的水文地质化学评估，以便能够确定受影响的水井，并对问题进行合理性分析。

（2）对社区居民进行指导，以限制水井的使用，并在安全地点打井。

（3）制定社区健康计划，识别任何与饮用水相关的健康问题症状，并立即对病人进行救治。

在实施当前计划的过程中，可能会出现以下关键问题：

（1）确定"调查规模"是关键一环，需要根据水文地质情况（最初面临的微量元素水平对健康的危害、现有水井数量和正在建设的水井投资规模）和公共卫生情况（基于涉及的人口、其可能的暴露期和早期症状的诊断方案）来决定。

（2）任何调查和监测计划的化学分析费用都很高，尤其是采用农村供水计划的标准时。虽然现场试剂盒的结果不够精确，但与实验室分析手段配套使用时，能够成功降低费用、扩大覆盖范围。

（3）需要开展关于地下水水质危害的公众意识提升活动——这种情况下，最好的方式是开展实地调查，确定出所有微量元素含量在可接受范围内的水井（并且没有其他水质危害）并张贴标识，而不是对所有不适合人类饮用的水井进行标识，这种做法会让人怀疑是否所有未张贴标识的水井都已经做过调查。

（4）涉及关闭水井的短期缓解措施意味着：①社区在取水方面要花更多时间；②提供有水质保证的瓶装或罐装水，其成本可能对采用的"行动"非常敏感。因此，考虑到在世界卫生组织指导值以上的相当大范围内，流行病学还存在很大的不确定性，因此需要明确优先事项。

采取长期措施缓解天然存在的地下水水质问题时，会在制度安排和组织结构方面面临一些重要的问题，同时也会涉及文化方面的重要问题。在确定和实施有效的行动对策之前，需要先解决以下问题：

（1）负责确定战略、动员投资、确定优先事项、协调行动和开展能力建设的机构。

（2）整个过程中需要咨询的利益相关方群体的成员情况。

（3）政府在调查潜在问题、宣传地下水水质知识以及对现有地下水饮用水源进行现场检查和水质监测等方面发挥的作用。

在受天然地下水水质危害影响的地区，寻找饮用水供应的长期解决方案时，在很大程度上取决于所需供水的规模、水质问题的严重程度、当地是否有符合地下水或地表水水质要求的可替代水源，以及当地社区要求水质改善带来的压力。长期解决方案会涉及战略供水规划、健康风险和流行病学研究，以及解决方案的技术和经济评估等要素。

事实上，有很多方案可供选择，但需要仔细考虑其技术和经济可行性，包括要考虑如何投资以及在何处投资，才能实现整体健康改善的最大收益。此外，有效的制度安排和政策安排对长期解决战略的有效确定和高效实施也至关重要。

长远来看，必须采取综合方法，以符合成本效益的方式实现安全、有保障的供水。具体而言，就是要从干旱时期供水可靠性、常规的微生物和化学水质以及污染风险等方面出发，仔细评估不同方案的相对成本和不足。

方案涉及地表水供应和处理时，需要非常谨慎，尤其是在规模较小的情况下。主要出于以下两个考虑因素：

（1）发展中国家还没有经济且灵活的处理方法，以清除小城镇、村庄和家庭层面的微量地下水污染物，因此提供瓶装水用于饮用和食物准备可能是唯一可行的解决方案。

（2）在发展中国家，微生物病原体（细菌、病毒和原虫）造成的供水污染仍然是造成发病率和死亡率的主要原因。人们对长期接触较低水平的有害微量元素存在担忧，但是对任何解决这种担忧的方案而言，都需要对方案的操作风险进行切合实际的评估，因为试图缓解现有问题的同时，有可能产生新的、同样有害的问题。

许多情况下，最具成本效益的解决方案是确定和开发替代性地下水水源。这样的话，优先考虑可准确可靠地划定含有较少有害微量元素的含水层（从空间和深度的角度）。当首选方式是打更深的井以开发水质更好的地下水时，就需要特别关注水井设计（建设标准和选址规定）和含水层监测等事宜。

第11章

地 下 水 监 测

本章介绍了用于水质和水位监测的地下水监测网络的设计和实施。关键信息如下：

（1）监测计划的目标必须明确，以便监测结果能直接用于管理决策和正在进行的地下水规划过程。

（2）针对点源污染、面源污染或有问题的天然微量元素开展的水化学监测，设计监测计划时需要考虑到含水层的分层，仔细选择决定因素，并对采样过程进行密切控制。

（3）为支持长期有效的监测，制度安排需包括责任的界定、稳健的数据管理和存储系统，以及所有利益相关者的参与，主要是从监测数据中获取相关信息。

11.1 监测目标

11.1.1 总体情况

地下水是一种分布广泛且隐蔽的资源。与地表水相比，其储存量、流速或方向以及水质变化往往非常缓慢。这种变化不能通过对地下水水位和水质的简单一次性调查来评估。长时间序列的数据对于识别变化是必要的，由于变化缓慢，需要长期收集数据。第1章讨论了地下水流动的性质，包括水位与储量之间的关系，以及地下水流动路径和停留时间随水位深度增加而变长的趋势，如图 11.1-1 所示。因此，监测地下水系统状况和趋势面临的核心挑战，在于系统中发生的微小变化难以发现，而这些微小的变化又是长期变化趋势的组成部分。同时，还需要了解从垂直方向看，监测到的变化是在地下水系统的哪个部分产生的。

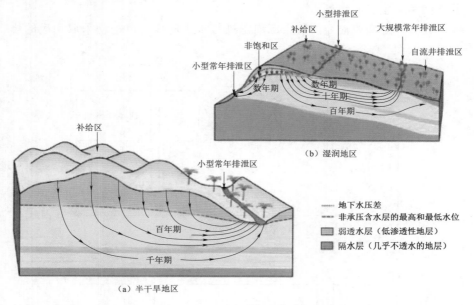

（b）湿润地区

··········· 地下水压差
- - - - - 非承压含水层的最高和最低水位
弱透水层（低渗透性地层）
隔水层（几乎不透水的地层）

（a）半干旱地区

图 11.1-1　地下水运移时间

为了解释水位和水质数据，有必要掌握驱动地下水系统变化的外部因素的相关信息，包括水井取水、降水和其他气候因素、河道流量特别是低流量和基流特征、地下水相关生态系统的健康状况、土地利用的变化，以及对主要潜在点源污染源的调查等信息。第 8 章和第 10 章讨论了这些数据与水位和水质监测数据配合使用的方式。设计水位和水质监测网络及计划时，需要充分了解地下水系统的运行方式，以及规划和管理方面存在的风险。随着监测工作的推进，人们对地下水系统的认识会逐渐深入，此时监测工作也应该随之调整。

11.1.2　评估遵守法规的情况

开展监测的目标包括为提升地下水系统管理提供基础数据，以及了解系统在面临压力（如增加取水和污染加重）时的应对方式。除此之外，也需要通过开展监测来检查遵守管理规则的情况，主要包括以下几点：

（1）对水井抽水量进行计量或评估，以核查一个监管核算期内（通常为 12 个月）单个水井的取水量。

（2）在抽水周期期间对生产水井的地下水位进行测量，以检查不同水井之间相互干扰的水量。

（3）在已知或潜在的污染源周围进行水质取样，以推动采取相应的修复行动（图 11.1-2）。

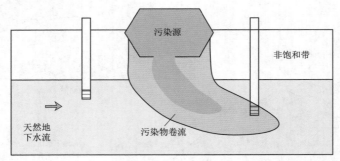

（a）用于含水层保护的进攻性监测

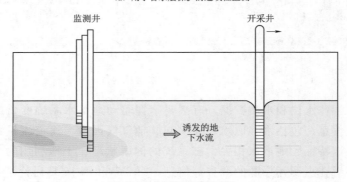

（b）用于供水保护的防御性监测

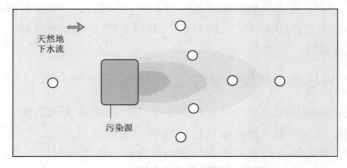

（c）对现有含水层污染事件进行评估监测

图 11.1-2　不同的地下水依据主要水质监测目标的采样制度

（4）对浅层地下水进行取样，以推动对土地使用方式的控制（如施用化肥），从而控制农业面源污染。

一旦为某一目的开始抽取地下水，在地下水管理和使用过程中，可以开展大量的监测。例如，取用地下水作为城市管网供水水源时，需要通过多种方式对地下水进行处理。在水处理的各个环节，都要开展水质监测，确保水质达到并维持在合适的标准。但这类监测不在本书讨论范围之列。

11.1.3 有效监测的主要障碍

监测是为了了解含水层的特性。如果要监测连续多层含水层中某一层的水压，那么必须只测量这一层的压力，不能让上层或下层的活动对目标层压力造成影响。要实现这一目标，面临的障碍如下：

（1）监测井的筛孔必须只向目标监测层开放。

（2）观察井的套管必须充分密封，避免水沿着套管外侧在地层之间流动。

取水样进行化学分析还面临以下困难：

（1）近年来潜在污染负荷的复杂性变化较大，导致难以确定哪些化学物质需要监测。

（2）从自然环境中取水样进行测试的过程，会改变水样的性质，导致测试结果发生偏差。

当设计监测网络计划和解释监测结果时，均需要认识到上述问题，11.2 节将会详细介绍。专门监测井成本较高，因此一定程度上也不得不使用条件不太完善的工程产出的数据，至少在评估的早期阶段应该如此。但是，应始终考虑误差的可能性。7.3 节中讨论了使用可靠性较差的水压监测数据时可能会产生误差的案例。由于上述困难的存在，与地下水水位监测相比，地下水水质监测总是面临更大的挑战。表 11.1-1 中总结了不同类型的低成本水质数据采集方法及其优缺点。

表 11.1-1   常见地下水采样技术的主要特点和局限性

采样方法	操作原理	优 点	局 限 性	成本
生产钻孔排水	直接从输水管道或最近的水龙头取水	（1）无须特殊采样设备； （2）供水监测常规	（1）无法控制样品深度； （2）不理想的混合； （3）损失不稳定的决定因子； （4）质量随抽水制度而变化； （5）建井材料的污染	非常低

191

续表

采样方法	操作原理	优　点	局　限　性	成本
钻孔	在钻探过程中，随着钻孔的推进，抓取取样或气举抽样	如果使用临时套管，可控制采样深度	（1）钻井液的严重污染； （2）某些交叉污染和大气接触； （3）耗时； （4）可能需要大容量压缩器； （5）损失不稳定的确定因子	高，除非钻孔用于其他目的
从非抽水钻孔采集	用取样器或深度取样器从钻孔柱中取出离散样品	（1）便携式； （2）取样器可由惰性材料制成； （3）采用正确程序和设计，对不稳定物质进行取样不会造成严重损失； （4）无深度限制	（1）无法控制样品深度； （2）钻孔柱中的垂直流动可能很严重； （3）来自钻孔中较高水平的交叉污染	低

为提高评估的可靠性，应仔细考虑采用众多已有的先进技术和设备，包括专门打孔建设的监测井、特殊的钻孔取样泵、针对不稳定决定因素改良的取样技术、部分地下水水质参数的原位分析技术，以及用于部分参数的间歇性和连续性测量的传感器等。

11.1.4　使监测具有成本效益

可靠性较高的地下水水质监测成本较高，主要费用包括监测网络的构建、仪器设备、取样、实验室分析和数据处理等。此外，初始投资的效益回报可能要经过较长时间才会显现，例如监测系统成为含水层管理过程的有机组成部分，或是能够避免宝贵的地下水资源的损失，或是需要引进昂贵的供水处理技术，或是开展花费较多的含水层修复工作。

通过更加精细的监测网络设计和数据解释，可以大大增加地下水监测的成本效益。通过以下方式，也可以增加成本效益：

（1）尽可能充分利用过去的监测数据和现有监测设备产生的新数据，通过数据的前后关系更好地了解数据的可靠性。

（2）尽可能地选择容易到达的监测站点。

（3）充分利用指标参数来减少分析成本。

（4）促使利益相关方按照商定的标准和协议开展自我监测。

（5）将质量控制和质量保证程序贯穿其中。

11.2 监测方法

之前对于仔细设计监测网络和监测计划有较为初步的介绍，本节在此基础上进一步详细介绍，对监测网络和监测计划的设计事宜提供指导。

11.2.1 测量物理参数

测量非承压含水层的地下水水位和承压含水层的压力，是地下水监测的基本内容之一。产生的数据可能用于多种目标。例如，所需的测量频率可以是：

（1）每季度或每月不定期地进行人工测量，以便对区域的地下水流向和储量变化有总体了解。

（2）连续的记录测量（有时是实时数据传输），以评估含水层的补给率、水井抽水引起的水位波动以及其他因素。

理想情况下，应该由专家根据管理风险和知识差距来设计地下水水位监测网络，但设计总是受制于财务因素。专家的设计过程总是试图在额外开支的成本和效益之间找到一个平衡点，利用监测开支获得最有用的管理信息。

专门的地下水水位监测装置称为测压计，因为它测量的是含水层的测压，即非承压含水层的地下水水位或承压含水层的水压。测压计的安装要避开井筒套管内外水的流动，因为水流会对目标深度的水压产生扰动。图 11.2-1 显示了为地下水监测专门钻探建设的单层和多层测压计的一些典型安装方式。

11.2.2 水质决定因素的选择

水质决定因素是监测计划中要测量的化学属性。水质决定因素的选择通常取决于以下内容：

（1）对地下水主要用途施加的限制。

（2）自然水文地质化学状态或排入地下的污染负荷自身的特点。

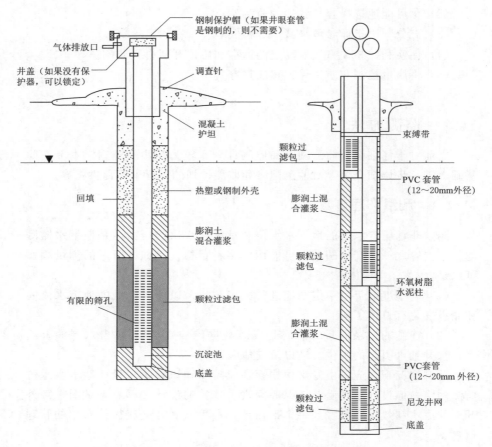

图 11.2－1 为地下水监测专门钻探建设的单层
和多层测压计的一些典型安装方式

表 11.2－1 概述了地下水水质主要决定因素的取样要求。鉴于化学分析的成本较高，通过使用指标参数（下一节将更加详细地讨论），更加有利于地下水水质监测分析程序的合理化。

地下水作为饮用水的供水水源时，世界卫生组织准则（或其他如欧盟或美国环保局的标准）列出了化学和微生物参数的最大允许浓度（基于健康和感官的标准）。监测计划应该将标准中的所有参数都列为水质决定因素，每年至少监测一次，也可以加大监测频次。这些准则一定程度上也适用于某些对水质较为敏感的工业和农业用途。然而，地下水用于农业灌溉时，其中含有的钠、钙、氯、SO_4、硼和溶解性总固体等元素通常都较为充足。

表 11.2－1　地下水水质监测中特定水质决定因素的取样要求

决定因素组	取 样 要 求	首选材料	最长储存时间	相对成本	操作困难性
主要离子： Cl、SO_4、 F、Na、K	0.45μm 过滤器； 未酸化； ＋4℃储存	任何	7 天（＋）	0	0
微量金属： Fe、Mn、Cu、 Zn、Pb、 Cr、Cd 等	直通式密封的 0.45μm 过滤器； 酸化酸度低于 pH2； 避免通过飞溅/顶层空间通气	塑料，避免使用金属丝网、容器	150 天	＊＊	＊＊
氮类： NO_3、NO_4 （NO_2）	0.45μm 过滤器； ＋4℃储存	任何	1 天（＋）	＊	＊＊
微生物： TC、FC、FS	无菌条件； 未过滤样本； ＋4℃储存； 偏向实测分析	暗玻璃，避免塑料、陶瓷	6 小时	＊	＊＊
碳酸盐平衡： pH、HCO_3、 Ca、Mg	密封良好的样本； 未过滤； 实测分析 pH/HCO_3； 酸化样品上的碱基阳离子	任何	1 小时 （150 天）	＊＊	＊＊
氧状态： pE（EH）、DO、T	实测单元； 避免通气； 未过滤	任何	0.1 小时	＊＊	＊＊＊
有机物： TOC、VOC、 HC、ClHC 等	未过滤样本； 避免与大气的任何接触； 对于挥发性有机物，最好是直接在滤芯中吸收	暗玻璃，特氟隆或不锈钢	1～7 天 （吸附盒不确定因素）	＊＊＊	＊＊＊

注　0 为最小；＊为低；＊＊为中等；＊＊＊为高。如果样品适当酸化，对于某些测定物，（＋）
可以增加到 150 天。

　　在某些类型的水文地质环境中，由于土壤、岩石和水的相互作用，地下水中存在许多天然的化学成分，会对家庭生活供水造成健康危害或感官上的困扰。这些化学成分包括钠、氯、镁、SO_4、铁、锰、氟、硼、砷和硒。如果初步评估表明存在风险，那么在监测计划中就应将该元素列为水

195

质决定因素。

当水化学技术作为一种工具，用于研究地下水流动机制和地下水化学过程时，相关的参数应该包括 pH 值和 Eh 值、某些阳离子（钙、钠、钾、锰和锶）和阴离子（氯、溴和 SO_4）的比率、碳酸盐平衡（涉及 pH 值、钙、镁、HCO_3 的测定）和某些同位素（包括 ^3H、^2H、^{18}O、^{13}C、^{14}C、^5N 和 ^{16}N）。

11.2.3　水质指标的使用

由于化学分析的成本很高，因此通过使用指标参数将化学分析的需求降到最低是合适的。一个广泛使用的指标是地下水的电导率，该指标容易测量，能够较好地表征水中主要离子的浓度。这些离子决定了水的总盐度，对于绝大多数用水目标而言，盐度是否适宜是重要因素。

水质指标的使用是在微生物领域率先进行的。因为在供水过程中，对单个病原体进行监测在技术上是不可行的，而且成本很高。理想的指标应该具备以下特点：

（1）能够快速、简单地进行分析，且成本低。

（2）不会因为物理化学变化而导致采样问题。

（3）浓度较高，但与相应的污染物有正相关关系，具有类似的持久性和流动性。

就粪便微生物污染而言，具有上述特征的指标有 TC（总大肠菌群）、FC（粪便大肠菌群）和 FS（粪便链球菌）。其中，FC 被普遍认为是最有用的指标。然而，与 FC 相比，FS 在地下水中的时间更为持久，因此能够更好地表征水中某些持久性致病病毒。随着人们对浅层地下水（特别是热带气候条件下）中相对广泛分布的非粪便大肠菌群的认识有所提高，TC 这一指标表征粪便大肠菌群的用处受到质疑。

最有可能的地下水污染化学指标是包括 EC（电导率）、pH 值、Eh 值、DO（溶解氧）、氯、NO_3 或 NH_4 和硼等指标的组合，具体可根据疑似的污染活动类型选取相应的指标。确定地下水有机物污染的合适指标仍然是个问题，最有可能的是 DOC（溶解有机碳），该指标能够较好地表征碳氢化合物燃料、垃圾填埋场浸出物、潟湖或下水道的废水渗出物，这些物质即使浓度很低，也会造成严重的地下水污染。可能会对 DOC 含量有贡献的化合物众多，包括油、油脂、腐殖酸和富勒烯酸、合成洗涤剂、有机酸等。DOC 浓度超过 5mg/L 时，就必须被视为高浓度，通常表明地下水已受到污染（热带气候下可能存在例外情况）。但由于在样本处理过程中，无机碳的净化不完全，或者挥发性有机物的损失，导致分析过程的可重复性较差。此外，当地下水污染是由单一的高毒性合成化合物（如氯化碳氢化合物）造成的时，DOC 就不是一个敏感的指标。

11.2.4　水质取样的困难

在对地下水系统进行化学分析取样时，必须考虑可能给分析结果带来偏差或误差的一些因素。这些问题既存在于监测装置的建设阶段，包括钻探过程和使用的材料，也存在于从安装完毕的装置中取出水样的过程中。

（1）钻孔施工的影响。从建设监测井开始，获取有代表性的水质样本便面临问题。钻孔、收集钻头样本和安装套管及监测设备所用的技术，会对含水层的水文地质化学环境造成重大影响。从被污染区域向更深层的污染较轻的底层钻孔时，很难避免污染物的下移。另外，样本可能会被钻井液污染，不管使用的钻井液是水、空气、膨润土还是合成聚合物。钻孔中用于密封套管的沙子和水泥的混合物会导致 pH 值的变化，从而影响重金属的溶解度和其他水质决定因素的吸附。在某些情况下，细菌可能会从地表进入钻孔，从而可能会导致发生生物化学转化作用。上述所有问题，都可以在监测装置的安装施工结束前，通过冲洗钻孔的方式得以减缓。然而，要完全消除污染非常困难，特别是在有吸附式化学物质存在的情况下，或是涉及对之前的厌氧系统进行氧化处理的情况。

（2）采样设备的影响。塑料、金属、玻璃、黏合剂和橡胶等惰性材料，通常被用于制造采样设备。对特氟隆、不锈钢和石英玻璃来说，情况更是如此，通常被用于制造高质量设备。然而，必须始终考虑这些材料的吸附可能性。样品采集过程中，大多数取样方法或多或少都允许样品与大气有接触。通常的结果是，由于接触到氧气，样品会发生变化，导致 Eh 值增加，很多水质决定因素（比如铁、锰和其他金属）的溶解度受到影响，而且可能会沉淀出氧化氢化物。从钻孔中取出样品时，压力下降的幅度取决于取样装置中静态水的高度，以及将样品转移到地表的方法。压力下降会导致溶解气体和挥发性成分从溶液中分离出来，这可能会导致样品成分的损失（特别是二氧化碳、甲烷、氡、挥发性有机物和其他相关决定因素的变化），除非采取措施从溶解态和气态阶段收集样品，或是在这种损失发生之前稳定样本。

（3）采样过程的影响。几乎在所有情况下，分析程序本身所带来的潜在误差远远小于采样程序所带来的误差。随着实验室检测能力的提高，采样过程中的样品变化造成的误差变得越来越显著。地下水调查中常见的水质决定因素，可以根据所需的检测水平和样品从含水层转移到实验室时的相对稳定性来分类。大多数取样程序会导致样品的温度和压力发生变化，样品中的溶解气体会有所损失，大气中的氧气会进入样品。这些可能导致样品的 pH 值和 Eh 值发生变化，一些溶解成分的浓度也会发生改变。一个相关的问题是，由于与大气接触，样品中的挥发性有机污染物会有所减少。图 11.2 - 2 对所需的检测水平和需要特别关注的物质的稳定性进行了总体概述。

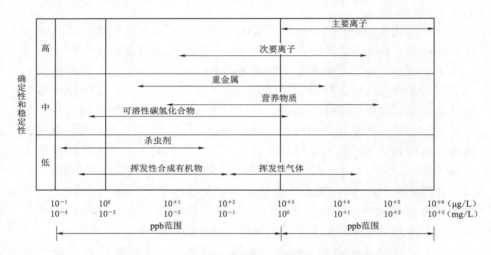

图 11.2 - 2　地下水水质监测中常见主要决定因素的
相对稳定性和要求的检测水平

11.2.5　地下水分层的挑战

地下水系统中测量对象间的差异可能是一个重大挑战。在区域研究的案例中，如果来自不同深度的不同封闭含水层的数据被错误地解译为来自同一含水层，那么就会得出关于地下水水流方向和水平衡组成部分（见7.3 节）的错误结论。正如第 3 章所讨论的，地下水咸化作为一个全球性的重大挑战，与人类活动息息相关。图 10.1 - 1 显示了可能导致咸化的一系列情况。了解地下水盐度的变化和与变化相关的流动路径，需要在不同的地层开展详细的监测。

对污染的监测也是一个挑战，因为除了前面讨论的与可靠采样有关的技术问题外，即便含水层是同质的，含水层内的地下水运动是稳定的，复杂的局部流动路径，以及污染负荷与地下水之间的密度差异也会导致污染负荷出现分层现象。图 11.2 - 3 提供的例子说明密度差异将如何导致污染物偏离地下水的大方向而独自流动，以及为什么需要在多个深度开展监测以了解污染物的移动。

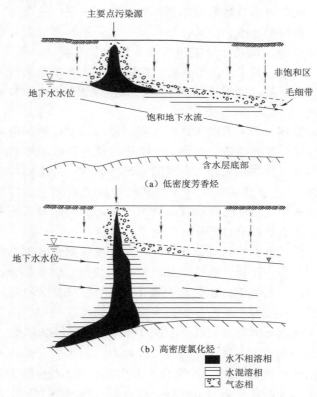

图 11.2 - 3　低密度芳香烃和高密度氯化烃在地面大规模
泄漏后的地下分布情况

11. 2. 6　监测地下水系统变化的驱动因素

为了解地下水水位或水化学性质的变化，重要的一点是要测量和记录影响地下水系统驱动因素的变化，这些驱动因素已经或可能会对地下水系统产生影响。严格来说，这些驱动因素并不是地下水监测网络或计划的组成部分，但为了完整起见，对重要的驱动因素稍做介绍。

（1）水井取水。这是地下水系统变化最重要的驱动因素。因此，无论是否有水井建设或取水的监管制度，都要尽可能地对水井建设情况（包括深度、直径、泵的类型和用水量）进行登记。这一登记制度应能估算用于私人家庭用水或动物饮水的少量取水，并能确定出公共管道供水、灌溉、工业和采矿等用途、取水量较大的取水井。通过计量器具直接监测单个水井的取水量，通常可以得到准确的累积测量值，在某些情况下，还可以得到干旱期间的瞬时抽水率。但是，如果没有水井用水户的充分合作，即使监管部门定期检查，开展计量工作的成本仍会非常高昂，而且难以维持。某些情况下，如果安装了测量抽水时间的装置，或者使用灌溉方法或灌溉面积等替代指标，便可以根据抽水能力估算出取水量。7.3 节讨论了评估取水量的方法。

（2）气象数据。通常可以从具有相应职能的国家机构获取降雨记录以及潜在和实际蒸发量的估值。但是，有必要确认这些数据在含水层补给区是否具有代表性，特别是在较为干旱的地区（该地区的降雨具有较大的局部空间差异性），含水层露头区的土壤和植被可能也不具备典型性。分析水位波动的过程中，可能会发现有必要在含水层露头区开展更多的降雨测量，以增强对含水层补给过程和补给速率的理解。

（3）河道流量数据。针对以下情况，河道流量测量数据对解释地下水监测数据特别有用：①地下水排泄是河流基流的重要组成部分；②河道穿过含水层补给区，河道中的水会流向地下水。7.3 节对这种相互作用进行了讨论和分析。所需的河道流量数据大多数通常可以从相应的国家级机构获取，但很多情况下需要地方机构的调查和测量数据加以补充。

（4）地下水相关生态系统的健康。针对内陆淡水生态系统和沿海咸水生态系统（很多在很大程度上依赖地下水排泄水量），生态学家持续不断地制定出越来越全面且复杂的指标集。与自然气候状态下相比，如果地下水排泄的水量和水质有了显著下降，这些指标可以在早期对生态系统的恶化做出预警。如果指标表明生态系统开始退化，那么后续就要对地下水排泄进行抽样以评估系统退化的原因。

（5）土地利用和管理变化。含水层露头区的土地利用及其管理会对地下水补给的速度和质量产生较大影响。解释地下水监测数据时，也需要了解相关的参数信息。其中尤为重要的包括农业种植的强化、作物灌溉的实施或灌溉技术的改变、森林砍伐和植树造林。

（6）点源污染的调查。在含水层补给区对可能产生的点源污染进行系统调查是非常重要的，包括污染物如何通过意外或人为方式排泄到地下的重要细节，以及已经采取的污染预防措施的水平。这些调查应该包括动物集中饲养场所，燃料、油料和化学物品的储存场所，废水处理厂、使用危化品的制造企业，采矿和采石企业等。

11.3 机构的监测责任

11.3.1 数据存储、评估和归档

地下水监测数据的收集和解释是一项耗时长的高成本工作。由于历史监测数据的存储工作和归档工作不充分，监测计划的目标往往无法实现。

一项监测计划若要行之有效，地下水数据的存储、评估和归档是重要的组成部分（图 11.3 - 1）。应确保数据从现场监测站传输至中央存储数据库，并由具备相应能力的人员对收集的数据进行评估。

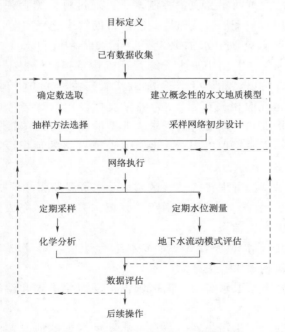

图 11.3 - 1　地下水监测计划的一般方案

201

国家和地方层面的政府部门应该就地下水监测数据（包括由私营部门利益相关方产生的数据）的存储和最终归档进行统筹协调。各方需要商定具体的数据收集和存储协议，建立一个系统的数据库，并就数据的网络共享作出相应安排。数据存储在敏感级别较低的地方机构通常是最有效的管理安排，但有代表性的数据集也可以保存在负责环境、水资源管理和地质调查的国际机构中。但由国家机构保存的数据库应该向公众开放。

大型地下水监测计划的制定应始终分阶段进行，通过对前一阶段的监测结果进行评估，为整个监测计划的回顾改进提供依据。因此，在实施计划的第一年，有必要最大限度地提高采样频率，增加分析指标的数量，并利用产生的数据来完善监测计划。定期对一个有效监测计划产生的数据进行定期审查，有望逐步显示出调整地下水管理和监测计划的必要性。

11.3.2 让所有的利益相关方参与进来

监测网络的运行需要劳动力和后勤资源，还需要有明确的程序以确保持续产生可靠的数据。而上述资源的缺乏会成为制约因素，使得监测工作难以维持必要的数据收集和质量控制水平。通过将监测责任下放给地方部门，同时鼓励用水户开展自我监测，能够帮助解决这一问题。

地下水治理应对地下水抽取量、地下水储存量和水质的监测做出规定。这项职责通常主要由中央水资源管理机构承担，但根据中央机构制定的标准和协议，可以将很多工作分配给其他利益相关方（地下水用水户、潜在的污染者和其他相关组织）。为确保发挥作用，需要考虑现有的机构能力，以及对培训和财政支持的需求。典型的利益相关方责任划分如下：

（1）国家水资源管理机构——地下水监测网络的顶层设计和国家数据库的维护。

（2）地区水资源管理机构——区域地下水资源监管和保护职能。

（3）水井承包商——有义务制定并收集水井日志，完成抽水试验，并向区域机构提供有关结果。

（4）大型地下水取水者——对取水进行计量，测量取水后的水位变化，并向区域机构提供有关结果。

（5）小型地下水取水者——向区域机构反馈关于水井特征、性能和使用情况的总体信息。

（6）潜在的地下水污染者——在可能发生污染的地点，出资开展防护性的地下水监测工作，并向区域机构提供相应结果；出资实施减少污染风险的行动。

11.3.3　主要城市地区的重点战略

第 2 章讨论了城市化加剧对地下水系统的影响方式。城市化的加剧导致需要更加有效地利用城市地区的地下空间，包括地下水资源，将其作为未来城市可持续性和适应能力的重要因素。第 9 章讨论了在城市环境中通过联合利用水源的方式管理地下水问题的例子。然而，在开展城市规划的过程中，需要对地下水问题加以考虑。城市规划通常仅在二维基础上开展，没有将地下空间纳入其中。对地下条件（尤其是地下水）的认识不足，通常被视作城市建设项目延期和超支的最大原因。因此，城市规划者应设法提高他们对地下水的理解，以及如何更好地将地下水管理纳入城市发展进程。

历史上依靠地下水作为供水水源的城市，通常都拥有较好的历史长序列数据。利用这些数据可以优化地下水监测，以满足未来城市规划的需要，并解决新出现的问题，例如排水渗水坑中不断增加的下渗量导致的地下水水位上升，以及大型建筑中日益增加的空调热交换泵的使用导致的地下水水温升高。历史上没有利用过地下水的城市，关于地下水的数据较少，关于地下水管理问题的意识也不强。对于这些城市，应该有意识地启动城市地下水调查工作，开始实施监测计划，并建立一种观念，即要使用有关浅层地表的数据集来解决现场的实际问题。

对于不同城市而言，地下水监测网络的密度和数据采集的频率也会有所区别。然而，可以确定一些有关良好监测实践的指导原则。在城市地区开展地下水监测工作有以下一系列的驱动因素：

（1）为保障公共供水需要保护地下水资源，特别是在气候变化和城市化不断发展的压力下，需要提高供水的安全性。

（2）如果将地下水作为饮用水水源，则要保护地下水不被过度抽取和污染。

（3）避免建筑物的地下室被淹没。

（4）确定并修复地下水污染。

（5）了解地下水水位深度的空间和时间变化，以优化建筑地基的设计。

（6）管理浅层地下水地热计划，用于大型建筑物的供暖和制冷。

11.3.4　集约型农业地区的特殊需求

在农业地区，土地的集约利用，以及大量取水灌溉导致的地下水储存量减少，往往是最初开展监测的重点。然而，农业集约化可能导致补给的变化，因为清除原生林以开展旱地耕作，或是引入灌溉，这两种情况都会增加补给。补给模式的改变，以及肥料和化学品的使用会污染含水层。第2章和第10章已经特别讨论了这些问题，本章前面部分也讨论了开展监测面临的挑战，如分层监测和采样的可靠性等。然而，未来农业环境面临的挑战为以下方面的需求，即监测土地利用，确定土地利用变化或可能发生的变化，以及利用上述信息收集基准数据，这些数据与可能新出现的地下水问题相关。

参 考 文 献

[1] HEALY R W, WINTER T C, LABAUGH J W, et al. Water budgets: Foundations for effective water-resources and environmental management [R]. US Geological Survey Reston, Virginia, 2007.

[2] FOSTER S, GARDUÑO H, TUINHOF A, et al. Groundwater governance-conceptual framework for assessment of provisions and needs [R]. GW-MATe Strategic Overview Series 1. World Bank (Washington DC) -Sustainable Groundwater Management: Contributions to Policy Promotion, 2009.

[3] FOSTER S, TUINHOF A, KEMPER K, et al. Characterization of groundwater systems-key concepts and frequent misconceptions [R]. GW-MATe Briefing Note Series 2. World Bank (Washington DC)-Sustainable Groundwater Management: Concepts & Tools, 2003.

[4] EARLE S. Physical Geology [M]. British Columbia: BC Open Text Books, 2018. Environment Agency (UK). International comparisons of domestic per capita consumption. Water and the Environment, 2008.

[5] TAYLOR R G, SCANLON B, DÖLL P, et al. Ground water and climate change [J]. Nature Climate Change, 2013, 3 (4): 322 - 329.

[6] MARGAT J, VANDER GUN, J. Groundwater around the world: A geographic synopsis [M]. London: CRC Press, 2013.

[7] TUINHOF A, FOSTER S, KEMPER K, et al. Groundwater monitoring requirements-for managing aquifer response and quality threats [R]. World Bank GW-MATe Briefing Note Series 9. World Bank (Washington DC)-Sustainable Groundwater Management: Concepts & Tools, 2006.

[8] National Research Council. Fluoride in Drinking Water: A Scientific Review of EPA's Standards [M]. Washington DC: The National Academies Press, 2006.

[9] KUMAR P, KUMAR M, RAMANATHAN A L, et al. Tracing the factors responsible for arsenic enrichment in groundwater of the middle Gangetic Plain, India: A source identification perspective [J]. Environmental Geochemistry and Health, 2010, 32 (2): 129 - 146.

[10] FOSTER S, KOUNDOURI P, TUINHOF A, et al. Groundwater dependent ecosystems-the challenge of balanced assessment and adequate conservation [R]. GW-MATe Briefing Note Series 15. World Bank (Washington DC) -Sustainable Groundwater Management: Concepts & Tools, 2006.

［11］ TIEDEMAN C R，ELY D M，HILL M C，et al. A method for evaluating the im-
portance of system state observations to model predictions，with application to the
Death Valley regional groundwater flow system ［J］. Water Resources Research，
2004，40，W12411.

［12］ MURPHY N P，BREED M F，GUZIK M T，et al. Trapped in desert springs：
Phylogeography of Australian desert spring snails ［J］. Journal of Biogeography，
2012，39（9）：1573 – 1582.

［13］ MILLER G R，CHEN X，RUBIN Y，et al. Groundwater uptake by woody vege-
tation in a semiarid oak savanna ［J］. Water Resources Research，2010，
46，W10503.

［14］ NAUMBURG E，MATA-GONZALEZ R，HUNTER R G，et al. Phreatophytic
vegetation and groundwater fluctuations：A review of current research and applica-
tion of ecosystem response modeling with an emphasis on Great Basin Vegetation
［J］. Environmental Management，2005，35（6）：726 – 740.

［15］ CUTHBERT M O，GLEESON T，REYNOLDS S C，et al. Modelling the role of
groundwater hydro-refugia in East African hominin evolution and dispersal ［J］.
Nature Communications，2017，8，15696.

［16］ SKATSSOON J. Aboriginal people built water tunnels ［N］. ABC News in Sci-
ence，2006.

［17］ MAYS L W. Groundwater resources sustainability：Past，present，and future
［J］. Water Resources Management，2013，27（13）：4409 – 4424.

［18］ WESSELS J. Reviving ancient water tunnels in the desert—Digging for gold ［J］? Jour-
nal of Mountain Science，2005，2（4）：294 – 305.

［19］ AVNI G. Early Islamic irrigated farmsteads and the spread of qanats in Eurasia
［J］. Water History，2018，10（4）：313 – 338.

［20］ MACDONALD A M，CALOW R C. Developing groundwater for secure rural
water supplies in Africa ［J］. Desalination，2009，248（1）：546 – 556.

［21］ GIORDANO M. Global groundwater? Issues and solutions ［J］. Annual Review of En-
vironment and Resources，2009，34（1）：153 – 178.

［22］ WADA Y，VAN BEEK L P H，VAN KEMPEN C M，et al. Global depletion of
groundwater resources ［J］. Geophysical Research Letters，2010，37，L20402.

［23］ RICHEY A S，THOMAS B F，LO M H，et al. Quantifying renewable groundwater
stress with GRACE ［J］. Water Resources Research，2015，51（7）：5217 – 5238.

［24］ LLAMAS R，CUSTODIO E. Intensive use of groundwater：Challenges and op-
portunities ［M］. BoCa Raton：CRC Press，2003.

［25］ MORRIS B，LAWRENCE A，CHILTON P，et al. Groundwater and its suscepti-
bility to degradation：a global assessment of the problem and options for manage-
ment ［M］. Early Warning and Assessment Report Series，2003.

［26］ OECD. OECD Environmental Outlook to 2050 ［R］. Paris：OECD，2012a.

［27］ World Bank. Reengaging in agricultural water management：Challenges and options ［R］. Herndon：World Bank Publications，2006.

［28］ FAMIGLIETTI J S. The global groundwater crisis ［J］. Nature Climate Change，2014，4 （11）：945－948.

［29］ HUSS M，HOCK R. Global-scale hydrological response to future glacier mass loss ［J］. Nature Climate Change，2018，8 （2）：135－140.

［30］ TSUR Y. The Stabilization role of groundwater when surface water supplies are uncertain：The implications for groundwater development ［J］. Water Resources Research，1990，26 （5）：811－818.

［31］ SHAH T. Groundwater governance and irrigated agriculture ［M］. Stockholm，Sweden：Global Water Partnership （GWP），2014.

［32］ KONIKOW L F. Contribution of global groundwater depletion since 1900 to sea-level rise ［J］. Geophysical Research Letters，2011，38，L17401.

［33］ WADA Y，VAN BEEK L P H，SPERNA WEILAND F C，et al. Past and future contribution of global groundwater depletion to sea-level rise ［J］. Geophysical Research Letters，2012，39，L09402.

［34］ FRANKEL J. Crisis on the High Plains：The Loss of America's Largest Aquifer-the Ogallala ［R］. University of Denver Water Law Review，2018.

［35］ BUCHANAN R，WILSON B，BUDDEMEIER R，et al. The High Plains Aquifer ［R］. Kansas Geological Survey，2015.

［36］ PALANIAPPAN M，GLEICK P H，ALLEN L，et al. Clearing the Waters：A focus on water quality solutions ［R］. Pacific Institute，Oakland，2010.

［37］ FOSTER S，HIRATA R，GOMES D，et al. Groundwater quality protection：A guide for water utilities，municipal authorities and environment agencies ［R］. World Bank，2002/2007.

［38］ MANDAL B K，SUZUKI K T. Arsenic round the world：A review ［M］. Netherlands：Elsevier B. V.，2002，58：201－235.

［39］ SECKLER D，BARKER R，AMARASINGHE U，et al. Water scarcity in the Twenty-first Century ［J］. International Journal of Water Resources Development，1999，15 （1－2）：29－42.

［40］ KLØVE B，ALA-AHO P，BERTRAND G，et al. Part I：Hydroecological status and trends ［J］. Environmental Science and Policy，2011，14 （7）：770－781.

［41］ FAUNT C C，SNEED M，TRAUM J，et al. Water availability and land subsidence in the Central Valley，California，USA ［J］. Hydrogeology Journal，2016，24 （3）：675－684.

［42］ RAGHAVENDRA N S，DEKA P C. Sustainable development and management of groundwater resources in mining affected areas：A review ［J］. Procedia Earth and

Planetary Science, 2015, 11: 598 – 604.

[43] APAYDIN A. Dual impact on the groundwater aquifer in the Kazan Plain (Ankara, Turkey): Sand-gravel mining and over-abstraction [J]. Environmental Earth Sciences, 2012, 65 (1): 241 – 255.

[44] ONGLEY E. Control of water pollution from agriculture [M]. FAO irrigation and drainage paper 55. Rome, Italy: FAO, 1996.

[45] JAKEMAN A J, BARRETEAU O, HUNT R J, et al. Integrated Groundwater Management [M]. springer Nature, 2016.

[46] KEMPER K, FOSTER S, GARDUÑO H, et al. Economic instruments for groundwater management-using incentives to improve sustainability [R]. GW-MATe Briefing Note Series 7. World Bank (Washington DC) -Sustainable Groundwater Management: Concepts & Tools, 2004.

[47] TODD D K, MAYS L W. Groundwater hydrology (3rd ed.) [M]. Hoboken, NJ: Wiley, 2005.

[48] BRODIE R S, HOSTETLER S, SLATTER E. Comparison of daily percentiles of streamflow and rainfall to investigate stream-aquifer connectivity [J]. Journal of Hydrology, 2008, 349 (1): 56 – 67.

[49] FREEZE R A, CHERRY J A. Groundwater [M]. Englewood Cliffs, NJ: Prentice Hall, 1979.

[50] TALLAKSEN L M. A review of baseflow recession analysis [J]. Journal of Hydrology, 1995, 165 (1): 349 – 370.

[51] NATHAN R J, MCMAHON T A. Evaluation of automated techniques for baseflow and recession analyses [J]. Water Resources Research, 1990, 26 (7): 1465 – 1473.

[52] WOOD W W. Use and Misuse of the Chloride-Mass Balance Method in Estimating Ground Water Recharge [J]. Ground water, 1999, 37 (1): 2 – 3.

[53] SUCKOW, A. The age of groundwater-Definitions, models and why we do not need this term [J]. Applied Geochemistry, 2014, 50: 222 – 230.

[54] JOHNSON A . Specific yield-compilation of specific yields for various materials [M]. Washington: us Government printing office, Hydrologic Properties of Earth Materials, 1967.

[55] TIDWELL V C, WILSON J L. Laboratory method for investigating permeability upscaling [J]. Water Resources Research, 1997, 33 (7): 1607 – 1616.

[56] BUTLER J. The design, performance, and analysis of slug tests [M]. Boca Raton: CRC Press, 1997.

[57] KRUSEMAN G P, RIDDER N A. Analysis and evaluation of pumping test data [2nd (completely revised) ed.] [M]. Wageningen: International Institute for Land Reclamation and Improvement, 1990.

[58] CHEBOTAREV I. Metamorphism of natural waters in the crust of weathering - 1 [J]. Geochimica et Cosmochimica Acta, 1955, 8 (1), 22, IN21, 33 - 32, IN22, 48.

[59] DAVID B, LEWIS C, BRUCE M. Groundwater sampling and analysis [M]. John Wiley & Sons, 2017.

[60] BATABYAL A K, CHAKRABORTY S. Hydrogeochemistry and water quality index in the assessment of groundwater quality for drinking uses [J]. Water Environment Research, 2015, 87 (7): 607 - 617.

[61] OECD. Water quality and agriculture: Meeting the policy challenge [R]. Paris: OECD, 2012b.

[62] NARANY T S, RAMLI M F, FAKHARIAN K, et al. A GIS - index integration approach to groundwater suitability zoning for irrigation purposes [J]. Arabian Journal of Geosciences, 2016, 9 (7): 1 - 15.

[63] HUSSIEN W E A, MEMON F A, SAVIC D A. Assessing and modelling the influence of household characteristics on per capita water consumption [J]. Water Resources Management, 2016, 30 (9): 2931 - 2955.

[64] DE LOË R C. Agricultural water use: A methodology and estimates for ontario (1991, 1996 and 2001) [J]. Canadian Water Resources Journal / Revue Canadienne Des Ressources Hydriques, 2005, 30 (2): 111 - 128.

[65] Office of Groundwater Impact Assessment (OGIA). Underground water impact report for the surat cumulative management area [R]. Brisbane, 2019.

[66] ZHANG L, DAWES W R, WALKER G R. Response of mean annual evapotranspiration to vegetation changes at catchment scale [J]. Water Resources Research, 2001, 37 (3): 701 - 708.

[67] GILLET V, MCKAY J, KEREMANE G. Moving from local to State water governance to resolve a local conflict between irrigated agriculture and commercial forestry in South Australia [J]. Journal of Hydrology, 2014, 519: 2456 - 2467.

[68] MINNIG M, MOECK C, RADNY D, et al. Impact of urbanization on groundwater recharge rates in Dübendorf, Switzerland [J]. Journal of Hydrology, 2018, 563: 1135 - 1146.

[69] DILLON P J, STUYFZAND P, GRISCHEK T, et al. Sixty years of global progress in managed aquifer recharge [J]. Hydrogeology Journal, 2019, 27: 1 - 30.

[70] MECHLEM K. Groundwater governance: The role of legal frameworks at the local and national level-Established practice and emerging trends [J]. Water, 2016, 8 (8): 347.

[71] Productivity Commission. Water Rights Arrangements in Australia and Overseas [R]. Commission Research Paper, 2003.

[72] TODD D K. Ground water hydrology [M]. New York: Wiley, 1959.

[73] FOSTER S S D, PERRY C J. Improving groundwater resource accounting in irrigated areas: a prerequisite for promoting sustainable use [J]. Hydrogeology Journal, 2010, 18: 291 - 294.

[74] MALIVA R G. Groundwater banking: Opportunities and management challenges [J]. Water Policy, 2014, 16 (1): 144 - 156.

[75] BURMASTER D, LEATH J. It's time to make risk assessment a science [J]. Ground Water Monitoring & Remediation, 1991, 11: 5 - 15.